W0267462

Savia

matemáticas

orientadas a las enseñanzas académicas

sm

4 ESO

Entrar en Saviadigital es fácil:

1. Escribe en internet la siguiente dirección: **smsaviadigital.com**

2. Regístrate e introduce el número de licencia que encontrarás en la página anterior.

3. Como solo debes registrarte una vez, anota tu **identificador** y **contraseña**.

CONOCE TU LIBRO

Presentación de la unidad

Empieza la unidad disfrutando de un texto o fragmento literario relacionado con los contenidos de la unidad.

Preguntas relacionadas con el texto para trabajar la comprensión lectora y los conocimientos que ya tenemos sobre el tema.

Ruta de aprendizaje
Para que conozcas qué vas a aprender en cada unidad.

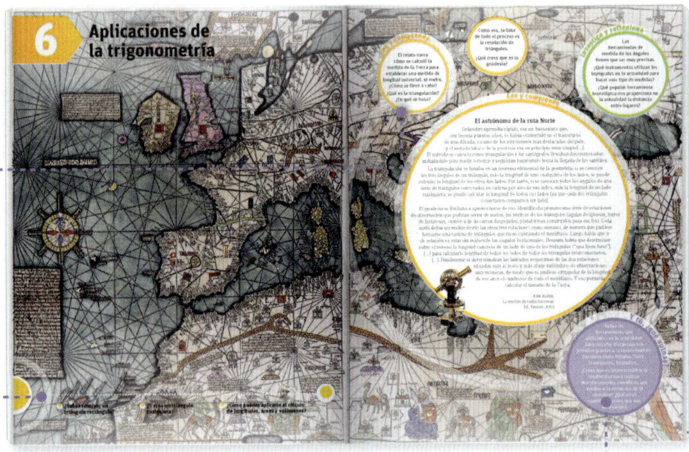

Y tú, ¿qué opinas?
Para que reflexiones sobre valores cívicos o sobre cuestiones sociales de actualidad.

Contenidos

Los contenidos se presentan a partir de situaciones cercanas. Se desarrolla la teoría destacando las ideas más importantes.

Enlace a **actividades interactivas** realizadas con **Geogebra** para que practiques y comprendas mejor los conceptos.

Pon en valor
Breve texto informativo relacionado con la sección **Y tú, ¿qué opinas?** de la entrada. Con una propuesta para trabajar en **savia**digital distintas estructuras de pensamiento crítico.

Ejemplos que te muestran de manera inmediata y directa lo expuesto en la teoría.

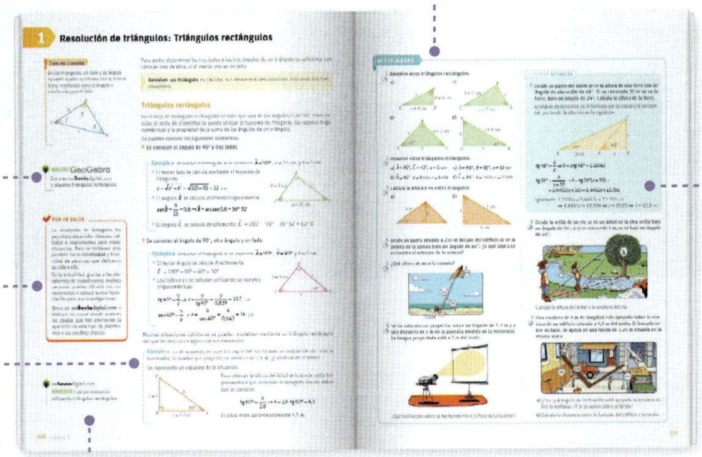

Actividades propuestas al final de cada epígrafe para afianzar los contenidos y adquirir las destrezas necesarias.

Actividades resueltas al final de cada epígrafe, que complementan la teoría y te permiten ver aplicaciones de lo tratado.

Enlace a **actividades interactivas** en **savia**digital para que continúes practicando y compruebes lo que ya sabes.

Organiza tus ideas

Esquema que resume los contenidos más importantes de la unidad.

Actividades clave

De una a tres páginas donde se resuelven las actividades más representativas de la unidad o aquellas que muestran procedimientos que permiten relacionar distintos contenidos.

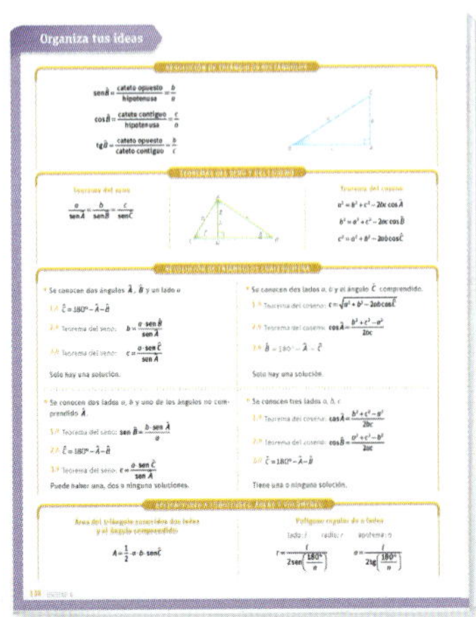

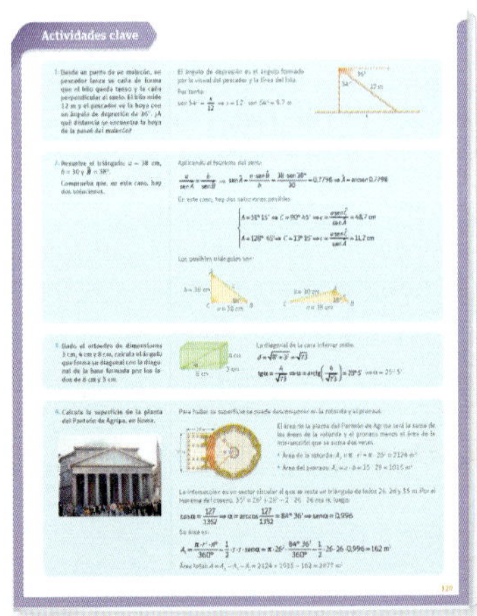

Ejercicios propuestos al final de la unidad

Hasta cinco páginas con actividades y problemas propuestos y resueltos con el fin de que trabajes lo aprendido en la unidad. Están organizados por grupos de contenidos y por nivel de dificultad.

- **Ejercicios:** Actividades para aplicar la teoría, organizados por contenidos y nivel de dificultad.
- **Ejercicios de síntesis:** Actividades, cuestiones y problemas que relacionan diferentes contenidos de la unidad.
- **Problemas:** Situaciones con contexto para ilustrar las aplicaciones de la teoría estudiada.
- **Emprende:** Actividad propuesta para trabajar la habilidad de convertir ideas en actos y fomentar el compromiso social.
- **Actividades para pensar más:** Ejercicios de ampliación basados en los contenidos de la unidad, en los que hay que reflexionar un poco más.

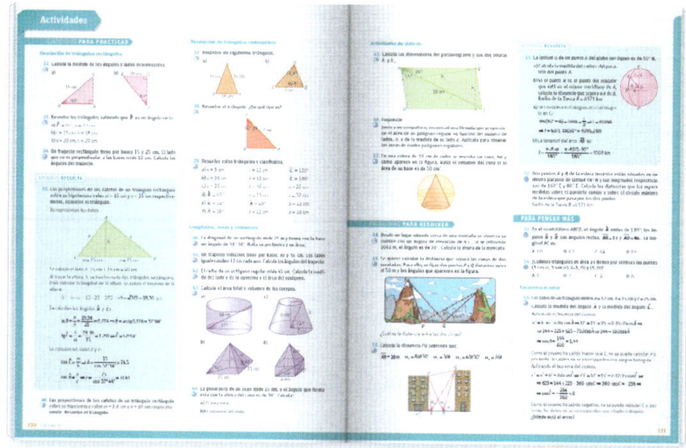

Ponte a prueba

Problemas y actividades PISA

Problemas presentados desde un contexto, extraídos de las pruebas PISA o inspirados en ellas, para que puedas preparar este tipo de evaluaciones. La primera actividad se presenta resuelta paso a paso.

Autoevaluación

Preguntas para que evalúes los conocimientos adquiridos al finalizar la unidad. Las soluciones están disponibles en las páginas finales del libro.

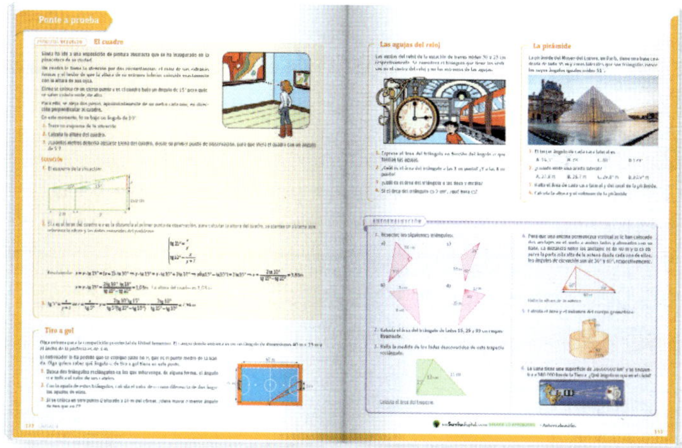

Mates + Magia

En esta sección se presentan divertidos trucos de magia que podrás reproducir con tus compañeros, acompañados de la explicación matemática del truco.

CONOCE Saviadigital www.smSaviadigital.com

Saviadigital te ofrece más recursos y actividades para aprender y profundizar en los contenidos.

PRACTICA	Actividades para que afiances tus conocimientos de forma interactiva.
MAT-TIC CON GEOGEBRA	Actividades interactivas con la aplicación Geogebra.
VALORA LO APRENDIDO	Autoevaluación de la unidad para que seas consciente de tu aprendizaje y prepares el examen.

Para acceder a **Savia**digital sigue los pasos que encontrarás nada más abrir este libro.

En tu libro aparecen llamadas para que sepas qué recursos hay en **Savia**digital.

sm**Savia**digital.com
PRACTICA ¿A qué conjunto pertenece cada número?

MAT-TIC GeoGebra
Entra en sm**Savia**digital.com y practica la proporcionalidad con ruedas.

ÍNDICE

Números y álgebra

Geometría

Funciones

Estadística y probabilidad

12 Combinatoria

- ¿Cuántas contraseñas puedes crear en un candado numérico?
- ¿Sabes cuántos números de tres cifras distintas son pares? ¿Y si tienen cifras iguales?
- ¿Cuántas banderas distintas pueden tener una franja roja, una blanca y una azul?

Analiza y calcula

En muchos países europeos existen loterías parecidas a ésta. En España es popular la bonoloto. Cada apuesta consiste en marcar 6 números de una tabla (del 1 al 49). Se obtiene premio si se aciertan tres números o más.
¿Crees que importa el orden en que se marcan los números?
¿Es más fácil acertar la bonoloto (6 de 49) o la antigua lotería genovesa (5 de 90)?

Es mucho más fácil acertar tres números que los seis del sorteo. ¿Con cuántas apuestas distintas se pueden acertar 3 de los números de la combinación ganadora?

Lee y comprende

Entre pastelitos anda el juego

— ... Pero abuelo, ¿no pretenderás hacerme creer que los antiguos chinos necesitaban un esquema así para comerse unos pastelitos? Yo creo que uno puede zampárselos tranquilamente sin pensar para nada en los números... Mira, ¡así! – Y le dio un mordisco a una galleta sacada de algún bolsillo.

— Tienes razón, Filo, pero en otros casos los números ayudan ¡y vaya si ayudan! Tú qué crees, ¿las personas que juegan a la lotería piensan o no piensan en los números? – le preguntó el abuelo, mirándole a los ojos.

— Pero ¿qué tienen que ver los pastelitos con la lotería? Y además, a veces veo a mi padre muy obsesionado con sus boletos, la verdad, abuelo, ¡ni idea de cómo se juega! – acabó por reconocer Filo, sin dejar de masticar su galleta.

— Pues ahora te lo explico: se trata de un juego muy antiguo, surgido en Génova a finales del siglo XVI. Debes saber que esa ciudad era antiguamente una república marítima gobernada por cinco senadores, quienes eran elegidos al azar entre noventa candidatos y se renovaban cada seis meses. Por ello, cada seis meses, la ciudad vivía con gran interés los días previos a la elección y fue así como, en determinado momento, los ciudadanos empezaron a hacer apuestas sobre el resultado de la misma. Al principio el juego fue prohibido, como todos los juegos de azar, pero más tarde, visto que los genoveses seguían haciendo apuestas a escondidas, se convirtió en algo lícito y adoptó el nombre de lotería genovesa. Hoy se llama lotería a secas, pero su funcionamiento en toda Italia es el mismo: se extraen 5 números de un recipiente que contiene los números del 1 al 90. ¿Te queda claro ahora?

Tal vez así te resulte más fácil comprender también por qué la lotería se parece a escoger 5 pastelitos de una bandeja que contiene 90.

Filo se quedó de piedra y solo al cabo de un rato logró decir:

— Mmmm, pensándolo bien, tienes razón abuelo... Sin embargo, ¡qué bonito sería que cayera en mis manos una bandeja tan golosa!...

ANNA CERASOLI.
LA SORPRESA DE LOS NÚMEROS
EDITORIAL MAEVA, 2012

Reflexiona y saca conclusiones

¿Cuál es el origen de la lotería?
¿Dónde surgió?
¿Cuántas apuestas diferentes se pueden hacer: más de 100 000, más de un millón?
¿Crees que es muy complicado acertar los 5 números?

¿Cuántos equipos de 5 pueden formar con 8 amigos?

1 Principio de multiplicación. Diagramas de árbol

Sabías que...

Los primeros problemas de combinatoria aparecen en la obra del matemático indio Bhaskara (1114 – 1185).

Entra en smSaviadigital.com y descubre más sobre la historia de la combinatoria.

Las cajas fuertes, algunos maletines, las taquillas... tienen una clave numérica de 3 o más dígitos que es necesario conocer para abrirlos. ¿Cuál es el número de claves distintas que se pueden formar?

> La **combinatoria** es una rama de las matemáticas que estudia el número de posibilidades de ordenación de los elementos de un conjunto.

Cuando el número de posibilidades es muy grande, las técnicas combinatorias permiten hacer el recuento de manera sencilla.

Ejemplo ▸ Juan ha cerrado su maleta con un candado numérico de tres dígitos, pero ha olvidado la combinación secreta. Recuerda que el número solo tenía cifras impares y que no se repetía ninguna cifra. ¿Cuántas posibles combinaciones tendrá que probar?

Juan puede anotar todos los números de tres cifras que cumplen estas condiciones y contarlos o puede calcularlos directamente.

- La primera cifra puede ser una de estas 5 posibilidades {1, 3, 5, 7, 9}.
- Para el segundo dígito solo dispone de 4 posibilidades porque los números no están repetidos.
- Y para el tercer dígito solo le quedan 3 opciones.

El número de posibilidades para elegir la combinación de tres cifras será $5 \cdot 4 \cdot 3 = 60$ posibilidades.

Esta técnica se llama **principio de la multiplicación**.

> Por el **principio de la multiplicación**, si en una elección múltiple existen n_1 posibilidades para la primera elección, n_2 para la segunda, n_3 para la tercera, y así sucesivamente, hasta n_k para la última, el número total de posibilidades es:
>
> $$N = n_1 \cdot n_2 \cdot n_3 \cdot \ldots \cdot n_k$$

ACTIVIDADES

1. Una chica tiene 3 faldas y 5 blusas. ¿Cuántas combinaciones distintas de falda y blusa puede ponerse?

ACTIVIDAD **RESUELTA**

2. En una clase hay 15 chicos y 10 chicas. Hay que elegir una comisión con un delegado, un subdelegado, un tesorero y un secretario. Ningún estudiante puede tener dos cargos y además, el tesorero ha de ser una alumna, y el secretario, un alumno. ¿De cuántas maneras distintas se puede formar la comisión?

Se empieza por las condiciones más restrictivas:

- Si el tesorero ha de ser una chica hay 10 posibilidades.
- Si el secretario ha de ser un chico existen 15 posibilidades.

Una vez elegidos estos dos cargos habrá 23 alumnos disponibles para ser elegido delegado. Y tras la elección del delegado nos quedarán 22 alumnos para poder elegir subdelegado.

Aplicando el principio de multiplicación se tiene:

$$N = 10 \cdot 15 \cdot 23 \cdot 22 = 75\,900$$

El número total de comisiones distintas es 75 900.

3. Utiliza los siguientes dígitos y contesta.

2	4	6	8

a) ¿Cuántos números distintos de tres cifras pueden formarse?

b) ¿Cuántos números que no tengan ninguna cifra repetida?

c) ¿Cuántos que tengan un solo dígito repetido?

4. En una fila del cine van a sentarse 4 hombres y 3 mujeres.

a) ¿De cuantas formas pueden sentarse para que no haya ni dos hombres ni dos mujeres juntas?

b) ¿Y si todos los hombres han de estar juntos y las mujeres también? ¿Y si las mujeres han de estar juntas pero los hombres pueden estar separados?

Diagramas de árbol

En ocasiones, cuando hacer un recuento es complejo o es necesario enumerar las distintas agrupaciones, es útil realizar una representación gráfica.

Ejemplo ▸ Alberto es un gran aficionado al ciclismo. Tiene dos camisetas, una roja y otra verde; un culote negro y otro blanco; y dos pares de calcetines: azules y grises. ¿De cuántas formas diferentes puede vestirse?

Del origen salen dos ramas que representan los colores de las camisetas, R y V. De cada una de estas ramas salen otras dos que corresponden a los pantalones, N y B. Y de cada una de estas ramas salen otras dos para los calcetines, A y G.

Se puede representar mediante un diagrama de árbol:

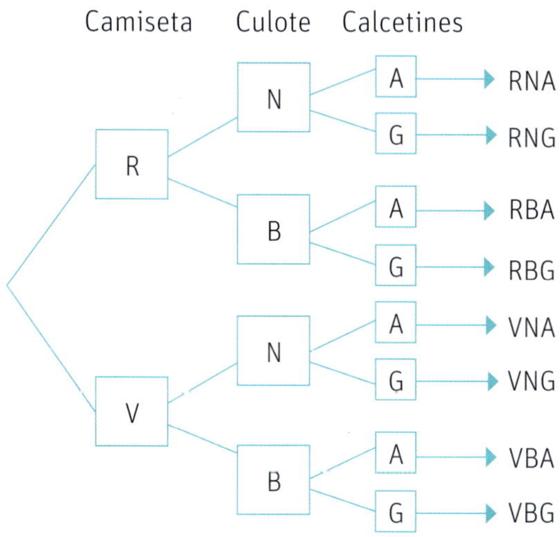

De esta forma se sabe que puede vestirse de ocho formas distintas y además se conoce cuáles son.

MAT-TIC GeoGebra

Entra en sm**Savia**digital.com y utiliza la aplicación para construir diagramas de árbol.

Los **diagramas de árbol** son una herramienta que nos permite explorar todas las posibilidades de una forma ordenada y sistemática.

ACTIVIDADES

5. ¿Cuántos menús puede elaborar Juan con estos platos? Realiza el recuento con la ayuda de un diagrama de árbol.

Menú

1.er plato	2.º plato	Postre
Menestra de verduras	Pollo en salsa	Fruta
Frijoles con arroz	Salmón a la plancha	Natillas
Ensalada templada	Albóndigas	Tarta de queso
Tallarines al pesto		Cuajada con miel

6. ¿Cuántos resultados se pueden obtener al extraer dos bolas sin reemplazamiento de una urna que contiene 2 bolas blancas, 1 verde y 1 amarilla?

7. Utiliza un diagrama de árbol para expresar todos los resultados obtenidos al lanzar una moneda y un dado y haz un recuento de los resultados.

8. ¿Cuántas banderas distintas se pueden formar con 3 franjas horizontales de color azul, blanco o verde? Realiza un diagrama de árbol para ver todas las posibilidades teniendo en cuenta que dos franjas del mismo color no pueden estar juntas.

9. Se quiere construir una clave alfanumérica de cinco caracteres que contenga 3 letras y 2 cifras. Las cifras no se pueden repetir, pero las letras sí, aunque solo se pueden usar vocales. ¿Cuántas claves diferentes, con estas condiciones, existen?

2 Métodos de recuento: Variaciones

Según las características de las agrupaciones que se quieran realizar, se pueden aplicar distintos métodos de recuento, como las **variaciones**, las **permutaciones** o las **combinaciones**.

Variaciones sin repetición

Ejemplo ▸ ¿Cuántos números de tres cifras distintas se pueden formar con los dígitos impares {1, 3, 5, 7 y 9}?

Se aplica el principio de la multiplicación: para elegir la primera cifra hay 5 opciones, para la segunda, 4 opciones y para la tercera, 3 opciones.

Por tanto, la cantidad de números de tres cifras distintas formados con los dígitos impares será: $N = 5 \cdot 4 \cdot 3 = 60$ números distintos.

60 es el número de variaciones sin repetición de 5 elementos tomados de 3 en 3.

Con calculadora

Para hallar las variaciones de 5 elementos tomados de 3 en 3 se debe escribir:

5 nPr 3

Las variaciones sin repetición de *m* elementos tomados de *n* en *n*, son los grupos ordenados de *n* elementos distintos que se pueden formar con los *m* elementos de un conjunto. El número de grupos es:

$$V_{m,\,n} = m\,(m-1)(m-2)\ldots(m-n+1)$$

Dos grupos se diferencian si:

- Tienen elementos distintos.
- Tienen los mismos elementos pero están colocados en distintas posiciones, es decir, influye el orden.

Ejemplo ▸ La agencia de viajes Euro-Tour oferta circuitos por Europa para visitar 7 capitales europeas:

En cada circuito se visitan 3 capitales, ¿cuántos circuitos diferentes se pueden organizar?

Se representa cada ciudad por su letra inicial, $\{M, L, P, R, B, A, V\}$, por lo que el conjunto tiene $m = 7$ elementos y se busca hacer grupos de $n = 3$ elementos distintos. Teniendo en cuenta que:

- Se eligen 3 ciudades de las 7 posibles.
- El orden influye, ya que las estancias en cada ciudad son diferentes.
- Las ciudades no se repiten en cada circuito.

Se trata de formar las variaciones de 7 elementos tomados de 3 en 3.

$$V_{7,\,3} = 7 \cdot 6 \cdot 5 = 210$$

El número de circuitos posibles visitando tres ciudades es de 210.

Ten en cuenta

Son **variaciones sin repetición de *m* elementos tomados de *n* en *n*, si:**

- No se toman todos los elementos del conjunto.
- Influye el orden en cada grupo.
- No puede haber elementos repetidos en cada grupo.

Variaciones con repetición

Ejemplo ▶ ¿Cuántos números de tres cifras se pueden formar con los dígitos impares {1, 3, 5, 7 y 9} si se pueden repetir dígitos?

Se aplica el principio de la multiplicación: para elegir la primera cifra hay 5 posibilidades, igual que para la segunda y para la tercera, ya que los dígitos se pueden repetir.

Por tanto, la cantidad de números que se pueden formar es:

$$N = 5 \cdot 5 \cdot 5 = 5^3 = 125$$

125 es el número de variaciones con repetición de 5 elementos tomados de 3 en 3.

MAT-TIC GeoGebra

Entra en smSaviadigital.com y utiliza la aplicación para calcular y enumerar variaciones con y sin repetición.

Las variaciones con repetición de *m* elementos tomados de *n* en *n*, son los grupos ordenados de *n* elementos que se pueden formar con los *m* elementos de un conjunto. El número de grupos es:

$$VR_{m,n} = m^n$$

Dos grupos se diferencian si:

- Tienen elementos distintos.
- Tienen los mismos elementos pero están colocados en distinto orden, es decir, influye el orden.

Ten en cuenta

Son **variaciones con repetición de *m* elementos tomados de *n* en *n***, si:

- No se toman todos los elementos del conjunto.
- Influye el orden en cada grupo.
- Puede haber elementos repetidos en cada grupo.

Ejemplo ▶ Las matrículas de los coches en España constan de tres letras y cuatro números. Las letras *ñ*, *q* y las vocales están excluidas. ¿Cuántas matrículas diferentes se pueden formar?

- Se calcula la cantidad de grupos de 3 letras.

  El alfabeto castellano consta de 27 letras. Si se quitan las 5 vocales, la *ñ* y la *q* se tienen 20 letras para formar los grupos de 3 letras. Como las letras se pueden repetir e influye el orden, el número de grupos distintos es:

  $$VR_{20,3} = 20^3 = 8000$$

- Se calcula la cantidad de grupos de 4 números.

  Para formar los grupos de 4 cifras, se dispone de 10 dígitos. Como se pueden repetir e influye el orden, el número de grupos distintos será:

  $$VR_{10,4} = 10^4 = 10000$$

Para cada grupo de letras hay 10 000 grupos posibles de números. Aplicando el principio de multiplicación, el número total de matrículas distintas será:

$$N = 8000 \cdot 10000 = 8 \cdot 10^7$$

ACTIVIDADES

10. En una liga de baloncesto escolar participan 12 equipos. Cada equipo juega contra todos los demás, a doble vuelta. ¿Cuántos partidos se disputan en total?

11. Con las letras de la palabra BURGOS:

a) ¿Cuántas palabras de 4 letras, con significado o sin él, se pueden formar?

b) ¿Cuántas de ellas tienen alguna letra repetida?

12. Con los dígitos {3, 4, 5, 6, 7 y 8}:

a) ¿Cuántos números de tres cifras se pueden formar?

b) ¿Cuántos no tienen ninguna cifra repetida?

13. En el alfabeto Braille cada letra y cada signo está representado por 6 puntos, distribuidos en dos columnas de 3, de los cuales unos están en relieve y otros no.

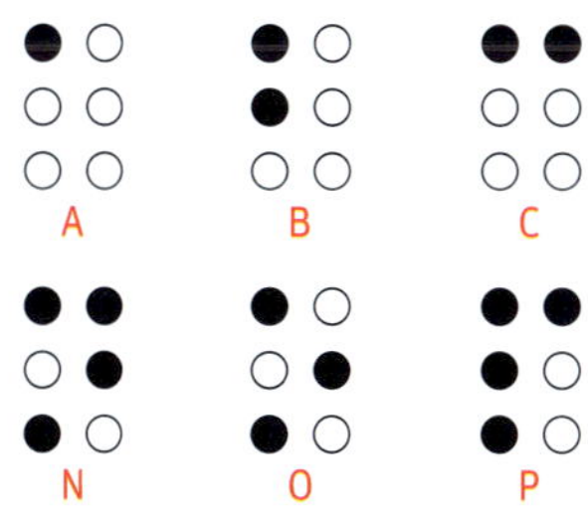

¿Cuántos signos distintos se pueden formar así?

3 Factorial de un número. Permutaciones

Con calculadora

Para hallar el factorial de 6 con la calculadora se escribe: 6 shift x!

El **factorial** de un número natural n, se representa por $\mathbf{n!}$ y es el producto de n por todos los números naturales menores que él, es decir:

$$n! = n(n-1)(n-2) \cdot \ldots \cdot 2 \cdot 1$$

Se cumple que:

- $0! = 1 = 1!$
- $n! = n(n-1)!$

Ejemplo ▸ Calcula 5!.

$5! = 5 \cdot 4 \cdot 3 \cdot 2 \cdot 1 = 120$

Permutaciones sin repetición

Ejemplo ▸ ¿Cuántos resultados posibles pueden darse en una carrera entre 4 atletas?

Si se llama a los atletas A, B, C y D, se trata de ordenar estos cuatro elementos de todas las formas posibles y sin repetir ninguno. Se puede calcular como las variaciones de $m = 4$ elementos tomados de $n = 4$ en $n = 4$.

$$V_{4,4} = 4 \cdot 3 \cdot 2 \cdot 1 = 24$$

Cuando el número de elementos del conjunto y el número de elementos de cada grupo coinciden se conocen como permutaciones de 4 elementos.

Ten en cuenta

Son **permutaciones sin repetición de m elementos**, si:

- Se toman todos los elementos del conjunto.
- Influye el orden en cada grupo.
- No puede haber elementos repetidos en cada grupo.

Las **permutaciones de orden m** son los grupos ordenados que se pueden formar con todos los elementos de un conjunto, sin repetir ninguno. El número de grupos es:

$$P_n = V_{n,n} = n(n-1)(n-2) \cdot \ldots \cdot 2 \cdot 1 = n!$$

Dos grupos se diferencian si el orden de los elementos es distinto.

Ejemplo ▸ ¿Cuántas palabras distintas de 6 letras, con significado o sin él, se pueden formar con las letras de la palabra DUBLÍN?

Como DUBLÍN tiene 6 letras y se quieren hacer grupos de 6 elementos, son permutaciones de orden 6.

$$P_6 = 6! = 6 \cdot 5 \cdot 4 \cdot 3 \cdot 2 \cdot 1 = 720$$

ACTIVIDADES

ACTIVIDAD **RESUELTA**

14. **¿De cuántas maneras distintas se pueden colocar 5 libros en una estantería? Si se quiere que el más grande y el más pequeño estén juntos, ¿cuántos resultados distintos hay?**

- Las formas de colocar los 5 libros son:

$$P_5 = 5! = 5 \cdot 4 \cdot 3 \cdot 2 \cdot 1 = 120$$

- Si el libro más grande y el más pequeño deben estar juntos, se pueden considerar como uno solo y quedan 4 libros para colocar: $P_4 = 4! = 4 \cdot 3 \cdot 2 \cdot 1 = 24$

  Pero hay dos formas de colocar el libro más grande y el más pequeño: $P_2 = 2! = 2 \cdot 1 = 2$

  Aplicando el principio de multiplicación, el número de formas de colocar los libros será:

$$N = P_4 \cdot P_2 = 24 \cdot 2 = 48$$

15. **Cinco amigos han sacado cinco entradas consecutivas en la misma fila para ver el último estreno de cine.**

a) ¿De cuántas maneras pueden sentarse?

b) Luis y Carmen quieren estar en butacas contiguas. ¿De cuántas maneras se pueden sentar ahora los cinco amigos?

16. **¿De cuántas maneras distintas pueden sentarse 5 personas en un coche si...**

a) ...todos tienen carnet de conducir?

b) ...solo una de ellas tiene carnet de conducir?

c) ...hay dos que tienen carnet de conducir?

17. **¿Cuántas palabras distintas de 4 letras, con significado o sin él, se pueden formar con las letras de la palabra *GAME*?**

Si las colocamos por orden alfabético, ¿en qué posición estará la palabra *GAME*?

Permutaciones con repetición

Ejemplo ▸ Con las letras de la palabra *OMELETTE*, ¿cuántas palabras distintas se pueden formar de tal forma que en todas aparezcan 3 veces la letra ***e***, 2 veces, la ***t***, y una, la ***o***, la ***m*** y la ***l***?

Si las 8 letras fuesen distinguibles entre sí, la respuesta sería el conjunto de permutaciones de orden 8: $P_8 = 8! = 40\,320$, pero:

- Las 3 letras *E* son indistinguibles. Si en la palabra *OMELETTE* intercambiamos las posiciones de las tres el resultado es el mismo. Las 3 es se pueden permutar entre sí de $P_3 = 3! = 6$ formas distintas, es decir, seis palabras que se reducen a una, luego las palabras totales serían las 40320 divididas entre 6, es decir, 6720.
- De forma análoga ocurre con las dos letras *T*. Como hay $P_2 = 2! = 2$ formas distintas de permutarlas, las palabras serían la mitad de 6720, es decir, 3360.
- Las letras *O*, *M* y *L* ocupan una sola posición, es decir $P_1 = 1! = 1$.

Son las permutaciones con repetición de 8 elementos en los que uno se repite 3 veces, otro 2 veces y los otros 3 una vez.

Las **permutaciones con repetición** de ***n*** elementos donde el primer elemento se repite n_1 veces, el segundo n_2 veces, ... son los grupos ordenados que se pueden formar con los ***n*** elementos del conjunto. El número de grupos es:

$$PR_n^{n_1, n_2, \dots, n_k} = \frac{n!}{n_1!\, n_2! \dots n_k!}, \text{ con } n = n_1 + n_2 + \dots + n_k$$

smSaviadigital.com

PRACTICA Comprueba que sabes utilizar los métodos de conteo.

Ejemplo ▸ En la biblioteca del centro hay 4 libros iguales de matemáticas, 3 iguales de lengua y 2 iguales de inglés. ¿De cuántas formas diferentes se pueden colocar en una estantería?

El número de posibilidades son las permutaciones con repetición de 9 elementos:

$$PR_9^{4,3,2} = \frac{9!}{4!3!2!} = 1260$$

Ten en cuenta

Son **permutaciones con repetición de *n* elementos**, si:

- Se toman todos los elementos del conjunto.
- Influye el orden en cada grupo.
- Puede haber elementos repetidos en cada grupo.

ACTIVIDADES

18. En el código morse, los caracteres están formados por dos símbolos: punto y raya. Por ejemplo, los dígitos del 0 al 9 se representan mediante grupos de 5 símbolos:

1	• ▬ ▬ ▬ ▬	6	▬ • • • •
2	• • ▬ ▬ ▬	7	▬ ▬ • • •
3	• • • ▬ ▬	8	▬ ▬ ▬ • •
4	• • • • ▬	9	▬ ▬ ▬ ▬ •
5	• • • • •	0	▬ ▬ ▬ ▬ ▬

¿Cuántos caracteres distintos se pueden formar con grupos de 3 rayas y 2 puntos, como el número 2 o el número 8?

19. En un garaje hay 10 plazas numeradas para aparcar los 10 coches de los vecinos, pero están sin asignar.

a) ¿De cuántas formas distintas pueden aparcar los 10 coches?

b) Si los tres vecinos del primer piso ocuparan las tres primeras plazas, ¿de cuántas maneras podrán aparcar ahora?

20. ¿De cuántas maneras diferentes pueden colocarse en fila 7 bolas de billar de igual tamaño, de las que 4 son lisas, 2 rayadas y una negra? ¿Y si la bola negra debe estar en el centro?

21. Ana nació en el año 2000 y quiere crear una clave de 7 caracteres con las letras de su nombre y los dígitos de su año de nacimiento.

a) ¿Cuántas claves distintas podrá formar?

b) ¿Cuántas de ellas tienen las tres letras al principio y las cuatro cifras al final?

c) ¿Cuántas tienen las tres letras juntas?

22. Usando todas las letras de la palabra BANANA:

a) ¿Cuántas palabras distintas, con significado o sin él, se pueden formar?

b) ¿En cuántas de estas palabras las tres aes ocupan los lugares pares?

c) ¿En cuántas de ellas las tres aes están juntas?

4 Combinaciones. Números combinatorios

Con calculadora

Para hallar las combinaciones de 5 elementos tomados de 3 en 3 se puede debe escribir:

5 nCr 3

En ocasiones no importa el orden en que se coloquen los elementos de cada grupo.

Ejemplo ▸ Para asistir a una olimpiada matemática, se seleccionan 3 alumnos al azar entre los 5 con mejores notas en matemáticas. ¿De cuántas maneras se pueden elegir?

Si influyera el orden de los elementos, serían:

$$V_{5,3} = 5 \cdot 4 \cdot 3 = 60$$

En un equipo no importa el orden de los participantes, el *ABC* es igual que el *BAC*, el *CBA*, ... , es decir, algunas variaciones dan lugar al mismo equipo. Son las formas de permutar los tres elementos: $P_3 = 3! = 3 \cdot 2 \cdot 1 = 6$. Así, 6 variaciones representan un solo equipo. Por tanto, el número de grupos que se pueden formar, sin importar el orden es $\frac{V_{5,3}}{P_3} = \frac{5 \cdot 4 \cdot 3}{3!} = \frac{60}{6} = 10$.

Se pueden formar 10 equipos diferentes.

MAT-TIC GeoGebra

Entra en **smSavia**digital.com y utiliza la aplicación para calcular combinaciones y números combinatorios.

Las combinaciones de *m* elementos tomados de *n* en *n*, con *n* < *m*, son los grupos de *n* elementos distintos que se pueden formar con los *m* elementos de un conjunto, sin repetir y sin importar el orden de los elementos. El número de grupos es:

$$C_{m,n} = \frac{V_{m,n}}{P_n} = \frac{m(m-1)\cdot \ldots \cdot(m-n+1)}{n!} = \frac{m!}{n!(m-n)!}$$

Dos agrupaciones son distintas solo cuando tienen algún elemento distinto.

Para comprobar la igualdad, se multiplica el numerador y denominador por $(m-n)!$

$$C_{m,n} = \frac{V_{m,n}}{P_n} = \frac{m(m-1)\cdot \ldots \cdot(m-n+1)(m-n)!}{n!(m-n)!} = \frac{m(m-1)\cdot \ldots \cdot(m-n)(m-n-1)(m-n-2)\cdot \ldots \cdot 3\cdot 2\cdot 1!}{n!(m-n)!}$$

Así, el numerador se puede expresar como $m!$ y se obtiene la expresión buscada:

$$C_{m,n} = \frac{m!}{n!(m-n)!}$$

Ten en cuenta

Son **combinaciones de m elementos tomados de *n* en *n***, si:

- No se toman todos los elementos del conjunto.
- No influye el orden en cada grupo.
- No puede haber elementos repetidos en cada grupo.

Ejemplo ▸ De 10 coches que se han fabricado en una cadena de montaje, se eligen 4 para un test de calidad. ¿Cuántas muestras distintas de 4 vehículos se pueden elegir?

La muestra será la misma sin importar el orden en que se seleccionen los coches. Por tanto, las muestras serán las combinaciones de 10 elementos tomados de 4 en 4:

$$C_{10,4} = \frac{V_{10,4}}{P_4} = \frac{10\cdot 9\cdot 8\cdot 7}{4\cdot 3\cdot 2\cdot 1} = 210$$

ACTIVIDADES

23. Mario va a colocar 50 libros en cajas de 6. ¿De cuantas formas puede hacerlo?

24. Para aprobar un examen de 5 preguntas es necesario contestar bien a tres de ellas. ¿De cuántas formas se pueden elegir las tres preguntas?

25. Ocho equipos llegan a cuartos de final en un campeonato. ¿Cuántos partidos diferentes se pueden dar?

26. En una clase de baile de salón hay 12 personas. ¿Cuántas parejas de baile pueden formarse?

27. Un estudiante debe elegir 3 temas de física de 5 posibles, y 2 de química, de 4 posibles. ¿De cuántas maneras puede elegir los temas de física? ¿Y los temas que va a estudiar?

Números combinatorios

Al número de combinaciones de m elementos tomados de n en n, también se le denomina **número combinatorio** m **sobre** n, donde $n \leq m$.

Se representa así: $\binom{m}{n} = C_{m,n} = \dfrac{m!}{n!(m-n)!}$.

Ejemplo ▸ Calcula el valor del número combinatorio $\binom{6}{4}$.

$$\binom{6}{4} = \frac{6!}{4!2!} = \frac{6 \cdot 5 \cdot \cancel{4!}}{\cancel{4!}2!} = 15$$

Se puede comprobar, aplicando su definición, que los números combinatorios cumplen las siguientes propiedades:

Propiedad	Comprobación
1. $\binom{m}{0} = 1$	$\binom{m}{0} = \dfrac{m!}{0!(m-0)!} = \dfrac{\cancel{m!}}{1 \cdot \cancel{m!}} = 1$
2. $\binom{m}{m} = 1$	$\binom{m}{m} = \dfrac{m!}{m!(m-m)!} = \dfrac{m!}{m!0!} = \dfrac{\cancel{m!}}{\cancel{m!}\,1!} = 1$
3. $\binom{m}{n} = \binom{m}{m-n}$	$\binom{m}{m-n} = \dfrac{m!}{(m-n)!(m-(m-n))!} = \dfrac{m!}{(m-n)!n!} = \binom{m}{n}$
4. $\binom{m-1}{n} + \binom{m-1}{n-1} = \binom{m}{n}$	$\binom{m-1}{n} + \binom{m-1}{n-1} = \dfrac{(m-1)!}{n!(m-1-n)!} + \dfrac{(m-1)!}{(n-1)!(m-n)!} = \dfrac{(m-1)!(m-n)}{n!(m-n)!} + \dfrac{(m-1)!n}{n!(m-n)!} =$ $= \dfrac{(m-1)!(m-n+n)}{n!(m-n)!} = \dfrac{m(m-1)!}{n!(m-n)!} = \dfrac{m!}{n!(m-n)!} = \binom{m}{n}$

Ejemplos

▸ Calcula $\binom{5}{0}$ y $\binom{6}{6}$..

- $\binom{5}{0} = 1$
- $\binom{6}{6} = 1$

▸ Comprueba las igualdades $\binom{7}{3} = \binom{7}{4}$ y $\binom{6}{3} + \binom{6}{4} = \binom{7}{4}$.

- $\binom{7}{3} = \binom{7}{4} \Rightarrow \dfrac{7!}{3!4!} = \dfrac{7!}{4!3!}$
- $\binom{6}{3} + \binom{6}{4} = \binom{7}{4} \Rightarrow \dfrac{6!}{3!3!} + \dfrac{6!}{4!2!} = \dfrac{7!}{4!3!} \Rightarrow 20 + 15 = 35$

Ten en cuenta

Los valores del triángulo combinatorio y del triángulo de Pascal coinciden:

T. combinatorio	T. Pascal
$\binom{1}{0}\binom{1}{1}$	1 1
$\binom{2}{0}\binom{2}{1}\binom{2}{2}$	1 2 1
$\binom{3}{0}\binom{3}{1}\binom{3}{2}\binom{3}{3}$	1 3 3 1
...	...

MAT-TIC GeoGebra

Entra en smSaviadigital.com y construye el triángulo combinatorio.

ACTIVIDADES

28. Calcula los siguientes números combinatorios.

a) $\binom{4}{1}$ b) $\binom{5}{2}$ c) $\binom{5}{3}$ d) $\binom{6}{6}$ e) $\binom{8}{5}$

29. Comprueba que se cumple la siguiente igualdad.

$$\binom{4}{0} + \binom{4}{1} + \binom{4}{2} + \binom{4}{3} + \binom{4}{4} = 2^4$$

Organiza tus ideas

TÉCNICAS DE RECUENTO

Principio de multiplicación

Si en una elección múltiple hay n_1 posibilidades para la primera elección, n_2, para la segunda, n_3, para la tercera...

El número total de posibilidades es: $N = n_1 \cdot n_2 \cdot n_3 \cdot ...$

Diagrama de árbol

Los **diagramas de árbol** son una herramienta que nos permite explorar todas las posibilidades de una forma ordenada y sistemática.

VARIACIONES

Son los grupos ordenados de n elementos que se pueden formar con los m elementos de un conjunto.

Dos grupos se diferencian si tienen elementos distintos o si tienen los mismos elementos pero están colocados en distinto orden.

Variaciones sin repetición

Los elementos no se repiten.

$$V_{m,n} = m\,(m-1)(m-2)\ ...\ (m-n+1)$$

Variaciones con repetición

Los elementos se pueden repetir.

$$VR_{m,n} = m^n$$

PERMUTACIONES

Son los grupos ordenados que se pueden formar con todos los elementos de un conjunto. Dos grupos se diferencian si el orden de los elementos es distinto.

FACTORIAL DE *N*

Es el producto de n por todos los números naturales menores que él y se representa por $n!$.

$$n! = n(n-1)(n-2) \cdot ... \cdot 2 \cdot 1$$

Permutaciones sin repetición.

Los elementos no se repiten.

$$P_n = V_{n,n} = n(n-1)(n-2) \cdot ... \cdot 2 \cdot 1 = n!$$

Permutaciones con repetición

El primer elemento se repite n_1 veces, el segundo n_2 veces.

$$PR_n^{n_1, n_2, ..., n_k} = \frac{n!}{n_1!n_2!...\,n_k!}\text{, con } n = n_1 + n_2 + \ \ + n_k$$

COMBINACIONES

Son los grupos de n elementos distintos que se pueden formar con los m elementos de un conjunto, sin importar el orden. Dos grupos son distintos solo cuando tienen algún elemento distinto.

$$C_{m,n} = \frac{V_{m,n}}{P_n} = \frac{m(m-1) \cdot ... \cdot (m-n+1)}{n!}$$

NÚMERO COMBINATORIO

Es el número de combinaciones de m elementos tomados de n en n.

$$\binom{m}{n} = C_{m,n} = \frac{m!}{n!(m-n)!}$$

- $\binom{m}{0} = 1$
- $\binom{m}{m} = 1$
- $\binom{m}{n} = \binom{m}{m-n}$
- $\binom{m-1}{n} + \binom{m-1}{n-1} = \binom{m}{n}$

TÉCNICAS COMBINATORIAS

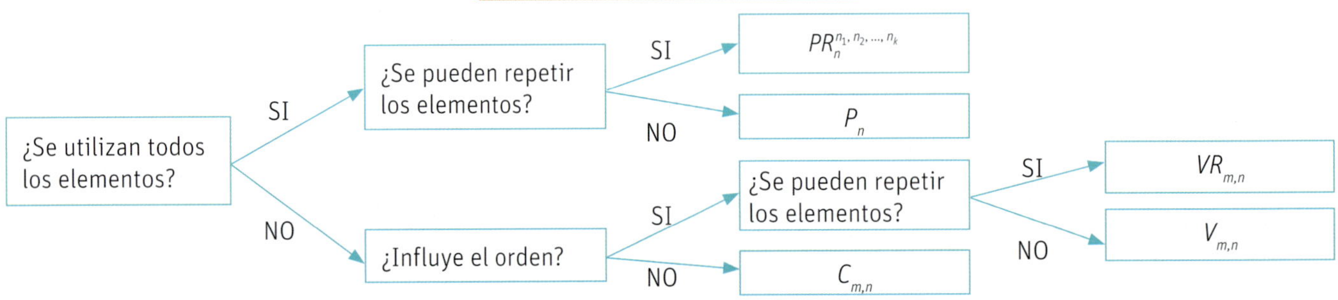

Actividades clave

1. En la final de los 100 m lisos participan 8 atletas. ¿De cuántas formas distintas pueden ocupar las tres plazas del podio?

Las plazas del podio pueden ser ocupadas por 3 de los 8 atletas. El orden de llegada influye, ya que no es lo mismo una medalla de oro que una de bronce.

Entonces de 8 elementos hay que seleccionar 3 y el orden es determinante. Se trata de calcular las variaciones sin repetición de 8 elementos tomados de 3 en 3.

$$V_{8,3} = 8\ \ 7 \cdot 6 = 336$$

Se pueden dar 336 podios diferentes.

2. Si las calles de la final se asignasen por sorteo, ¿de cuántas maneras distintas se podrían colocar los atletas?

Si se sortean las calles, cualquiera de los 8 atletas puede ocupar cualquiera de las 8 calles.

Entonces, de 8 elementos, se toman los 8 y dos salidas serán distintas solo si los atletas están en distinto orden. Son permutaciones de orden 8.

$$P_8 = 8! = 40320$$

Se pueden colocar de 40320 formas.

3. En cada una de las dos series semifinales de esa misma carrera se clasifican los 4 primeros.

a) ¿De cuántas formas distintas se pueden clasificar los atletas que pasen a la final en una serie?

b) ¿Y entre las dos series? Es decir, ¿cuántas finales distintas se pueden dar con este método de clasificación?

c) ¿El resultado sería el mismo si se hubiesen seleccionado los 8 mejores tiempos de las dos semifinales?

a) El orden de llegada de los cuatro primeros en la semifinal no importa, ya que se clasifican los cuatro, de hecho, algunos atletas reservan sus fuerzas para la final y no luchan por el primer puesto.

Disponemos de 8 atletas de los que pasan 4 sin importar el orden de esos 4. Hay que calcular las combinaciones de 8 elementos tomados de 4 en 4.

$$C_{8,4} = \frac{V_{8,4}}{P_4} = \frac{8 \cdot 7 \cdot 6 \cdot 5}{4!} = \frac{1680}{24} = 70$$

Se pueden dar 70 clasificaciones distintas en una semifinal.

b) Para cada clasificación de la primera semifinal, en la segunda semifinal hay otras 70 clasificaciones posibles. Aplicando el principio de multiplicación, el número total de finales distintas es:

$$N = 70 \cdot 70 = 4900$$

c) Si se hubiesen clasificado los 8 mejores tiempos serían las combinaciones de 16 elementos tomados de 8 en 8.

$$C_{16,8} = \frac{V_{16,8}}{P_8} = \frac{16 \cdot 15 \cdot 14 \cdot 13 \cdot 12 \cdot 11 \cdot 10 \cdot 9}{8!} = 12870$$

Se pueden dar 12870 clasificaciones diferentes para la final.

4. Los tres finalistas pueden elegir para beber una sola bebida isotónica entre 5 diferentes y una pieza de fruta entre manzanas, plátanos y naranjas.

a) ¿De cuántas formas pueden elegir las bebidas?

b) ¿De cuántas formas pueden elegir las frutas?

a) Hay que seleccionar 3 bebidas de entre las 5, pero dos finalistas pueden elegir la misma bebida, es decir, una bebida puede estar repetida.

Se trata de variaciones con repetición de 5 elementos tomados de 3 en 3.

$$VR_{5,3} = 5^3 = 125$$

Hay 125 posibilidades.

b) Hay que seleccionar 3 frutas de entre las 3 variedades disponibles, pero pueden estar repetidas, por lo que se trata de variaciones con repetición de 3 elementos tomados de 3 en 3.

$$VR_{3,3} = 3^3 = 27$$

Hay 27 posibilidades.

Actividades

EJERCICIOS **PARA PRACTICAR**

Principio de multiplicación y diagramas de árbol.

30. Si se lanzan dos dados consecutivamente, ¿cuántos resultados se pueden producir? ¿Y si se lanzan dos dados y dos monedas?

ACTIVIDAD **RESUELTA**

31. En una clase de 4.º ESO hay 12 chicos y 8 chicas. En clase de Educación Física el profesor les ha pedido que hagan grupos de 5 personas para jugar al baloncesto. Si el puesto de pívot debe ser ocupado por una chica, y el de base, por un chico, ¿cuántos equipos distintos se pueden formar?

- Si el pívot debe ser una chica hay 8 posibilidades.
- Si el base debe ser un chico existen 12 posibilidades.

Una vez elegidos estas dos posiciones habrá 18 alumnos disponibles para la posición de escolta.

Tras la elección del escolta nos quedarán 17 alumnos para poder elegir alero. Para elegir ala-pívot habrá 16 alumnos.

Aplicando el principio de multiplicación se tiene:

$$N = 8 \cdot 12 \cdot 18 \cdot 17 \cdot 16 = 470016$$

El número total de equipos distintos es 470016.

32. Los padres de Pedro, Laura y Daniel van a repartir las tareas entre todos.

- La madre quiere que se encargue un chico de hacer la compra.
- Daniel no puede salir solo de casa.
- El padre ha pedido no pasear al perro.

¿De cuántas formas pueden asignarse las tareas, teniendo en cuenta todas las condiciones?

33. Para volar de Madrid a Wellington (Nueva Zelanda) hay que hacer dos escalas: en Dubái y en Melbourne.

Hay 3 compañías que vuelan de Madrid a Dubai, dos que vuelan de Dubai a Melbourne y tres que enlazan Melbourne y Wellington.

a) Haz un diagrama de árbol.

b) ¿De cuántas maneras se puede organizar el viaje?

34. Una línea de ferrocarril constaba de 10 estaciones. En cada billete figura la estación de partida y la de llegada.

a) ¿Cuántos billetes distintos hay?

b) La línea se ha ampliado con 3 nuevas estaciones. ¿Cuántos billetes nuevos habrá que imprimir?

Variaciones

35. Calcula.

a) $V_{7,5}$ c) $V_{12,3}$ e) $VR_{2,5}$

b) $V_{6,1}$ d) $V_{20,5}$ f) $VR_{3,4}$

36. ¿De cuántas maneras pueden aparcar 4 coches en 7 plazas de garaje diferentes?

37. Una expedición de alta montaña está formada por 10 alpinistas, 4 expertos y 6 novatos.

a) ¿De cuántas maneras pueden formar una cordada de 3 personas?

b) Si la cordada la tiene que encabezar un alpinista experto, ¿cuántas cordadas diferentes pueden formar?

38. La profesora de lengua quiere organizar una obra de teatro en la que haya 5 personajes masculinos y 3 femeninos. En la clase hay 10 chicas y 13 chicos.

a) ¿De cuántas maneras puede repartir los papeles masculinos entre los chicos?

b) ¿Y los femeninos entre las chicas?

c) ¿Cuántos repartos globales diferentes puede organizar?

39. El consejo asesor de una gran empresa está formado por 15 consejeros.

El consejo ejecutivo se elige entre los miembros del consejo asesor y está formado por un presidente, un vicepresidente, un secretario y un asesor. Todos son elegibles y no pueden ocupar dos puestos.

¿De cuantas maneras distintas puede constituirse el consejo ejecutivo?

40. ¿Cuántos números de cinco cifras hay formados exclusivamente por cifras impares?

a) ¿Cuántos de ellos no tienen ninguna cifra repetida?

b) ¿Cuántos de ellos tienen alguna cifra repetida?

c) ¿Cuántos tienen la misma cifra al principio y al final del número?

d) ¿Cuántos son capicúas?

Permutaciones

41. Calcula.

a) P_3 c) P_{12} e) $PR_8^{2,3,3}$

b) P_6 d) P_8 f) $PR_{15}^{5,3,7}$

42. Utilizando exclusivamente las cifras pares 2, 4, 6 y 8, y sin que se repita ninguna:

a) ¿Cuántos números distintos de 4 cifras se pueden formar?

b) ¿Cuántos de ellos son mayores que 7000?

c) ¿Cuántos son menores que 5000?

43. La palabra *HOUSEMAID* no tiene ninguna letra repetida y además contiene las cinco vocales. Si utilizamos una sola vez cada una de sus letras:

a) ¿Cuántas palabras distintas podemos formar?

b) ¿Cuántas tienen las 5 vocales juntas al principio?

c) ¿En cuántas las vocales ocupan las posiciones impares, y las consonantes, las pares?

d) ¿Cuántas empiezan por consonante?

e) ¿Cuántas empiezan y terminan por consonante?

44. En la lotería de Navidad hay 100 000 números, desde el 00000 hasta el 99999.

¿Cuántos números distintos hay que tengan 3 veces la cifra 3 y 2 veces la cifra 2?

45. Con las letras de la palabra ANAGRAMA, ¿cuántas palabras, con o sin significado, puedes formar?

a) ¿Cuántas empiezan y terminan por A?

b) ¿Cuántas tienen las letras A en la misma posición que en la palabra ANAGRAMA?

Combinaciones. Números combinatorios

46. Calcula.

a) $C_{5,3}$

b) $C_{8,6}$

c) $C_{7,2}$

d) $C_{10,9}$

47. Antes del inicio de una reunión, sus 10 asistentes se dan la mano entre sí. ¿Cuántos choques de mano se producen?

48. Alberto, Belén, Carlos y Diana quieren jugar al pádel en partidos de dobles.

a) ¿Cuántos equipos distintos pueden formarse?

b) Si los equipos han de ser mixtos, ¿cuántos equipos distintos se pueden formar?

49. ¿Qué valor corresponde al número $\binom{6}{4}$?

A. 24 B. 15 C. 1 D. 6

50. Encuentra otro número combinatorio que valga lo mismo que:

a) $\binom{7}{3}$ b) $\binom{8}{8}$ c) $\binom{5}{1}$ d) $\binom{20}{16}$

51. Comprueba que se cumplen las igualdades:

a) $\binom{8}{4}+\binom{8}{5}=\binom{9}{5}$ b) $\binom{9}{4}=\binom{9}{5}$

52. Una baraja española consta de 40 cartas, 10 cartas de cada palo: oros, copas, espadas y bastos.

a) ¿Cuántas manos diferentes de 4 cartas se pueden formar?

b) ¿En cuántas de ellas las 4 cartas son de oros?

c) ¿En cuántas dos cartas son de oros, y dos, de copas?

53. En un torneo de tenis participan 5 hombres y 4 mujeres. ¿Cuántos partidos se pueden organizar en las modalidades?

a) Individual masculino

b) Individual femenino

c) Dobles masculinos

d) Dobles femeninos

e) Dobles mixtos

ACTIVIDAD **RESUELTA**

54. Encuentra el valor de x en la igualdad $\binom{2x}{3}=\binom{2x}{5}$.

Aplicando la definición de número combinatorio se tiene:

$$\binom{2x}{3}=\binom{2x}{5} \Rightarrow \frac{\cancel{(2x)!}}{3!(2x-3)!}=\frac{\cancel{(2x)!}}{5!(2x-5)!} \Rightarrow$$

$$\Rightarrow 5!\,(2x-5)! = 3!(2x-3)! \Rightarrow$$

$$\Rightarrow 5\cdot 4\cdot 3!\,(2x-5)! = 3!\,(2x-3)\,(2x-4)\,(2x-5)! \Rightarrow$$

$$\Rightarrow 20=(2x-3)(2x-4) \Rightarrow 2x^2-7x-4=0 \Rightarrow x=4 \text{ y } x=-\frac{1}{2}$$

Como $x=-\frac{1}{2}$ no es natural, la solución es $x=4$.

55. Encuentra el valor de x para que se cumplan las igualdades.

a) $\binom{x}{4}=\binom{x}{5}$ b) $\binom{10}{4}+\binom{10}{x}=\binom{11}{x}$

56. Escribe en función de m el valor de los siguientes números combinatorios.

a) $\binom{m+2}{m}$ b) $\binom{m}{m-2}$

57. Utiliza las propiedades de los números combinatorios para encontrar el valor de las incógnitas.

a) $\binom{m}{5}=\binom{m}{8}$ c) $\binom{8}{n}+\binom{m}{4}=\binom{p}{4}$

b) $\binom{12}{n}=\binom{m}{7}$ d) $\binom{m}{n}+\binom{m}{6}=\binom{12}{6}$

58. Aplica las propiedades de los números combinatorios para calcular las siguientes sumas.

a) $\binom{5}{0}+\binom{5}{1}+\binom{5}{2}+\binom{5}{3}+\binom{5}{4}+\binom{5}{5}$

b) $\binom{5}{0}+\binom{5}{1}+\binom{5}{2}$

c) $\binom{5}{0}+\binom{5}{2}+\binom{5}{4}$

Actividades

Actividades de síntesis

59. Una urna contiene 10 bolas numeradas del 1 al 10. ¿Cuántos resultados distintos se pueden obtener si...

a) ...se sacan tres bolas sucesivamente?

b) ...se sacan de una en una, y tras cada extracción, se vuelve a introducir la bola en la urna?

c) ...se sacan tres bolas simultáneamente?

60. ¿Cuántas palabras distintas, con o sin significado se pueden formar con las letras de estas palabras?

a) LIBELULA

b) CACATUA

c) ANACONDA

61. Un estudiante debe resolver en un examen 8 problemas de 10 propuestos.

a) ¿De cuántas formas puede hacer la selección?

b) Si debe resolver obligatoriamente los 4 primeros. ¿De cuántas formas puede seleccionar ahora los problemas?

c) Debe responder obligatoriamente 3 de los 5 primeros problemas. ¿De cuántas maneras puede hacer la selección del examen ahora?

62. La diagonal de un polígono une dos de sus vértices no consecutivos. Un triángulo no tiene ninguna diagonal, un cuadrado tiene dos, un pentágono 5...

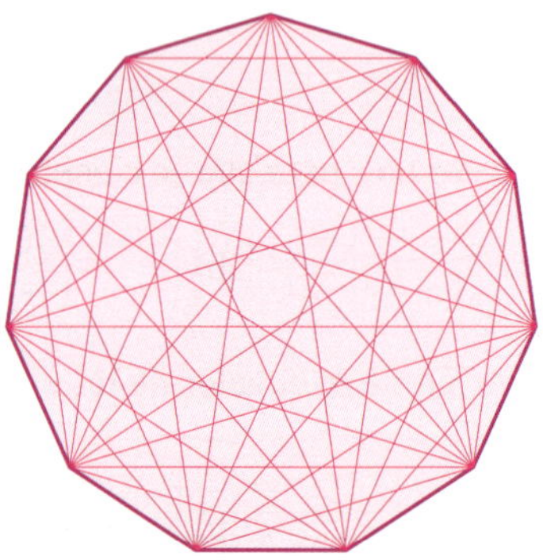

a) ¿Cuántas diagonales tiene un decágono?

b) ¿Cuántas diagonales tiene un polígono de n lados?

63. La diagonal de un poliedro es la recta que une dos vértices no pertenecientes a una misma cara.

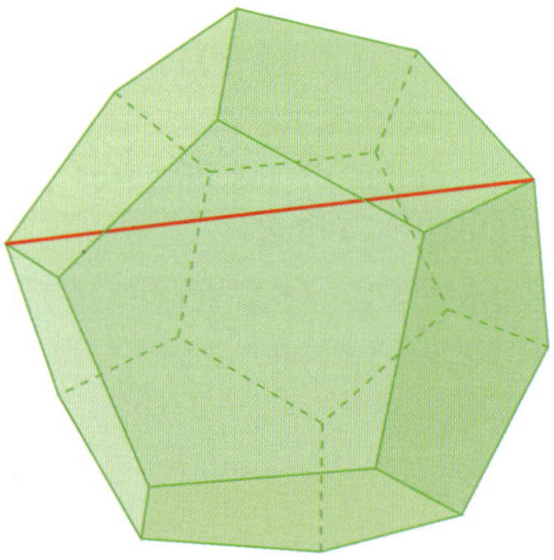

¿Cuántas diagonales tiene un dodecaedro?

PROBLEMAS **PARA RESOLVER**

64. ¿De cuántas maneras pueden colocarse en fila 5 chicos y 3 chicas? ¿Y si no puede haber dos chicas juntas?

65. Dos hermanas mellizas tienen 5 faldas y 4 blusas que comparten. Esta tarde deciden salir juntas.

¿De cuántas maneras diferentes pueden vestirse si ambas llevan falda y blusa?

66. Cuatro amigos, dos chicos y dos chicas, van juntos al teatro y sacan cuatro entradas consecutivas en una misma fila.

a) ¿De cuántas maneras distintas pueden sentarse?

b) ¿De cuántas formas diferentes pueden colocarse si se sientan de forma alterna chico-chica?

c) ¿De cuántas si las chicas deciden estar juntas? ¿Y si tanto las chicas como los chicos están juntos?

PROBLEMA **RESUELTO**

67. Entre los números comprendidos entre 4000 y 7000.

a) ¿Cuántos números hay que no tengan ninguna cifra repetida?

b) ¿Cuántos que tengan dos dígitos repetidos dos veces?

a) Se calculan primero los números entre 4000 y 4999. Como la primera cifra es 4, importa el orden y no se pueden repetir dígitos, se calculan las variaciones sin repetición de 9 elementos tomados de 3 en 3:

$$V_{9,3} = 9 \cdot 8 \cdot 7 = 504$$

De forma análoga, entre 5000 y 5999 hay:

$$V_{9,3} = 9 \cdot 8 \cdot 7 = 504$$

Entre 6000 y 6999, también hay:

$$V_{9,3} = 9 \cdot 8 \cdot 7 = 504$$

En total, hay $504 \cdot 3 = 1512$ números.

b) Uno de los dígitos que se repite es el inicial, que puede estar colocado en cualquiera de las 3 posiciones restantes. Para las otras dos posiciones hay 9 cifras posibles, puesto que debe repetirse. Por tanto, habrá:

- Entre 4000 y 4999: $3 \cdot 9 = 27$ números
- Entre 5000 y 5999: 27 números
- Entre 6000 y 6999: 27 números

En total hay $27 \cdot 3 = 81$ números con dos dígitos repetidos dos veces.

68. Si en una administración de loterías pides un número al azar, ¿qué es más probable?

a) Que el número no tenga ninguna cifra repetida.

b) Que tenga al menos una repetida.

69. Se extraen 3 cartas de una baraja de 40 naipes.

a) ¿Cuántos resultados distintos podemos obtener?

b) ¿En cuántos de ellos habrá 3 ases?

c) ¿En cuántos habrá dos ases y un rey?

d) ¿En cuántos no habrá ningún as?

70. Emprende

Cada apuesta de la bonoloto consiste en marcar 6 números entre el 1 y el 49.

a) ¿Cuántas apuestas distintas se pueden hacer?

b) Cada apuesta cuesta 0,50 €. ¿Cuánto dinero hay que jugar para tener la certeza de acertar la combinación ganadora?

c) El promedio de los 10 mejores premios repartidos en este juego es 4 879 272,82 €. ¿Crees que es rentable invertir en este juego?

d) Analiza otro juego de azar y compara tus conclusiones con las de tu compañero.

71. ¿Cuántos números de seis cifras se pueden formar con los dígitos 0, 1, 2, 3, 4 y 5 que sean múltiplos de 5? ¿Y que sean múltiplos de 2?

72. ¿De cuántas maneras pueden sentarse en un restaurante 6 personas en una mesa circular?

73. La profesora de lengua manda a cada uno de sus 25 alumnos leer 3 libros de una lista de 6. ¿Puede ocurrir que no haya dos alumnos que hayan seleccionado los mismos libros?

74. Nos podemos desplazar sobre una cuadrícula moviéndonos hacia la derecha o hacia arriba.

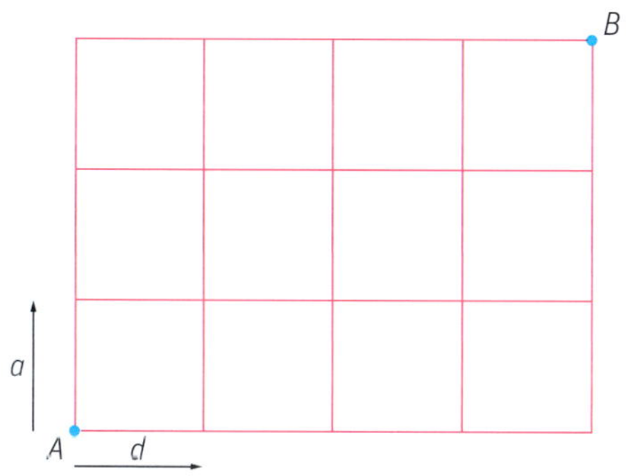

¿Cuántos itinerarios diferentes podemos tomar para llegar desde el punto *A* al punto *B*?

75. Los ordenadores operan en sistema binario. Solo utilizan los dígitos 0 y 1. Cuando se introdujo el código ISO se usaban 8 celdas (bits) ocupadas por 0 o 1 para formar los distintos símbolos. Cada conjunto de 8 bits es un octeto o *byte*.

a) ¿Cuántos octetos diferentes se pueden formar?

b) ¿Cuántos están formados por 4 ceros y 4 unos?

c) ¿Cuántos tienen más unos que ceros?

ACTIVIDADES **PARA PENSAR MÁS**

76. Coloca en orden alfabético las 120 palabras de 5 letras formadas con las letras de la palabra NEPAL. ¿Cuál es la última letra de la que ocupa el lugar 86.º?

A. N **B.** E **C.** P **D.** L

77. ¿Qué cifra ocupa el lugar 2010 en el desarrollo decimal de $x = 0{,}1234567891011...998999$?

A. 5 **B.** 6 **C.** 7 **D.** 8

78. En un aula hay 9 asientos en fila que van a ser ocupados por 6 estudiantes y 3 profesores. Los profesores llegan antes y deciden ocupar los asientos de manera que cada uno esté entre dos estudiantes. ¿De cuántas formas diferentes pueden elegir sus asientos los tres profesores?

A. 12 **B.** 36 **C.** 60 **D.** 84

79. Un niño tiene una caja de 96 piezas. Cada una es, o bien de plástico, o bien de madera; pequeña, mediana o grande; azul, verde, roja o amarilla, y puede ser un círculo, un hexágono, un cuadrado o un triángulo. ¿Cuántas piezas se diferencian del "círculo rojo de plástico mediano" en exactamente dos características?

A. 29 **B.** 39 **C.** 48 **D.** 56

80. ¿Cuántos números de 3 cifras tienen estas en orden creciente o en orden decreciente?

A. 168 **B.** 204 **C.** 216 **D.** 240

Busca la solución correcta

81. ¿Cuántos números entre el 0000 y el 9999 tienen al menos una vez la cifra 3?

Solución A

Si tiene que haber un 3, este puede estar en cuatro posiciones distintas.

Si se supone que está en la de las unidades, se tienen que ocupar las otras tres posiciones para lo que se dispone de los 10 dígitos. Las posibilidades son:

$$VR_{10,3} - 10^3 - 1000$$

Como el 3 puede estar en 4 posiciones, el número de posibilidades total será:

$$4 \cdot VR_{10,3} = 10^3 = 4000 \text{ números}$$

Solución B

Se cuenta cuántos números de los 10000 no tienen ningún 3. El resto tendrá algún 3.

Números sin 3: Se dispone de 9 dígitos para ocupar 4 lugares y se pueden repetir:

$$VR_{9,4} = 9^4 = 6561 \text{ posibilidades}$$

Por tanto, la cantidad de números que llevan al menos un 3 será:

$$10000 - 6561 = 3439 \text{ números}$$

Elige la solución correcta razonando tu respuesta.

Ponte a prueba

PROBLEMA **RESUELTO**

Contando rectángulos

En muchas ocasiones, para resolver un problema es conveniente crear un modelo matemático que se ajuste a la situación a investigar. Esta práctica se conoce como modelización.

En el rectángulo *ABCD* trazamos 7 rectas paralelas al lado *AB* y 5 paralelas al lado *AD* como en la figura. Busca una forma de modelizar esta situación y calcula cuántos rectángulos diferentes se forman.

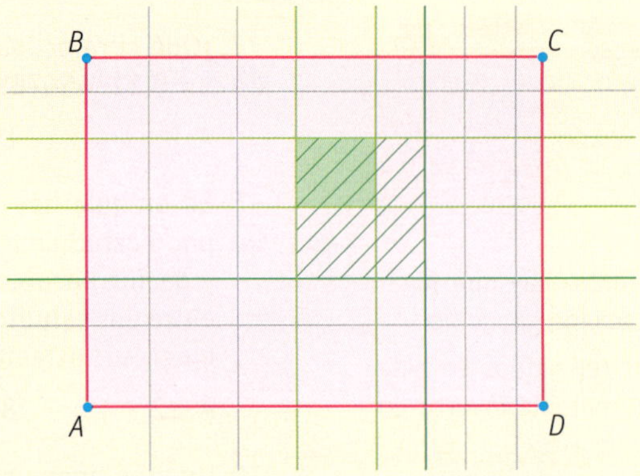

SOLUCIÓN

Una manera de modelizar el problema para poder aplicar técnicas combinatorias es la siguiente:

1.º Se elige una notación adecuada.

Se llaman *a*, *b*, *c*, *d*, *e*, *f* y *g* a las rectas horizontales, incluidos los lados horizontales del rectángulo, y 1, 2, 3, 4, 5, 6, 7, 8 y 9, a las rectas verticales.

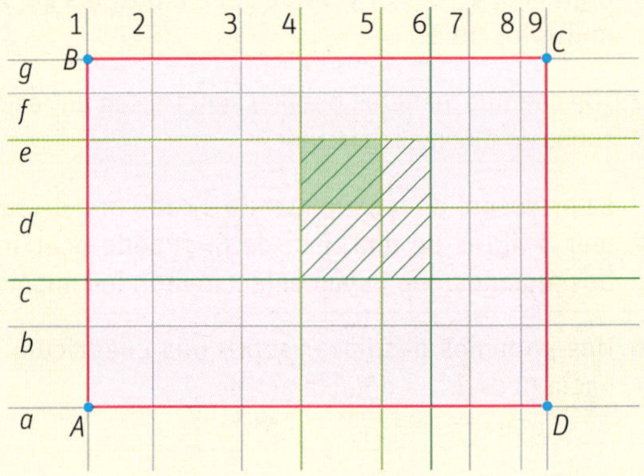

2.º Se busca una forma de identificar los rectángulos.

Cada rectángulo está formado por la región encerrada por dos rectas horizontales y dos verticales: el rectángulo sombreado en verde es el $\{de45\}$ y el que aparece con fondo rayado es el $\{ce46\}$.

3.º Una vez modelizado el problema se pueden utilizar técnicas combinatorias.

Habrá tantos rectángulos como grupos distintos de números y letras se puedan formar. No importa el orden de selección de las rectas, pero no se pueden repetir, por tanto:

- El número de lados horizontales son las combinaciones de 7 rectas tomadas de 2 en 2:

$$C_{7,2} = \binom{7}{2} = \frac{7!}{2!(7-2)!} = 21 \text{ posibilidades.}$$

- El número de lados verticales son las combinaciones de 9 rectas tomadas de 2 en 2:

$$C_{9,2} = \binom{9}{2} = \frac{9!}{2!(9-2)!} = 36 \text{ posibilidades.}$$

El número total de rectángulos, por el principio de la multiplicación, es: $N = 21 \cdot 36 = 756$ rectángulos.

Combinatoria y ajedrez. El problema de las ocho torres

En el juego del ajedrez una torre se puede mover en horizontal o en vertical cualquier número de casillas y come a cualquier pieza de distinto color cuya posición pueda alcanzar.

El problema de las 8 torres consiste en colocar 8 torres de tal forma que ninguna pueda comer a otra.

La solución más simple es la que puedes observar en la ilustración, pero, ¿exactamente, de cuántas formas se pueden colocar las 8 piezas para que no se coman entre sí?

Un nuevo lenguaje de programación

Un grupo de chicos ha ideado un lenguaje de programación al que han llamado TREAX. Las palabras reservadas que sirven para establecer órdenes de forma automática son las que se obtienen al permutar las letras de TREAX y se clasifican en:

Tipo de orden	Empiezan por	Acaban en
Instrucciones aritméticas	Consonante	Consonante
Instrucciones algebraicas	*A*	Consonante
Instrucciones condicionales	*E*	*X*
Instrucciones iterativas	*E*	Consonante distinta de *X*
Funciones y procedimientos	Vocal	Vocal

1. ¿Cuántas palabras reservadas diferentes tiene este lenguaje?
2. Calcula el número de órdenes de cada tipo que se pueden establecer.
3. ¿Existen palabras reservadas no utilizadas en ninguna de las órdenes? En caso afirmativo, calcula su número y descríbelas.

El problema de la coincidencia

Leonhard Euler, en 1779, escribió un artículo titulado *Una cuestión interesante de la teoría de las combinaciones*. Esta cuestión está basada en un viejo juego de azar de origen francés, llamado *Rencontre* (coincidencia).

Las reglas son: un jugador baraja las 13 cartas de un palo de una baraja francesa. Luego las levanta de una en una, diciendo uno al levantar la primera, dos, al levantar la segunda... Gana si la carta coincide con el número que ha dicho.

Euler lo planteó utilizando letras: "Dada una serie de *n* letras *a*, *b*, *c*, *d*, *e*, ... ¿De cuántas maneras se pueden colocar sin que ninguna ocupe la posición que inicialmente ocupaba?"

1. ¿De cuántas maneras no hay coincidencias con solo tres letras: a, b, c?

   A. 1 B. 2 C. 4 D. 6

2. ¿De cuántas, si las letras son cuatro: *a*, *b*, *c*, *d*?
3. ¿Y si son cinco letras: *a*, *b*, *c*, *d*, *e*?

AUTOEVALUACIÓN

1. ¿Cuántos resultados distintos puedes obtener al lanzar dos dados de distinto color?

2. Un salón tiene un sofá de tres plazas, y otro, de dos plazas.
   a) ¿De cuántas formas diferentes se pueden sentar 5 personas?
   b) Si hay tres hombres y dos mujeres, ¿de cuántas maneras pueden sentarse estando los tres hombres juntos?
3. Con los dígitos 1, 2, 3, 4, 5, y 6:
   a) ¿Cuántos números de 4 cifras pueden formarse?
   b) ¿Cuántos tienen las 4 cifras distintas?
   c) ¿Cuántos empiezan y terminan en cifra impar?
4. ¿Cuántos palabras, con o sin significado, se pueden formar con las letras de la palabra TEGUCIGALPA?
5. Un equipo de vóleibol consta de 10 jugadores, 4 zagueros, 4 delanteros y 2 líberos.
   a) ¿Cuántas alineaciones distintas de 6 jugadores pueden hacerse?
   b) ¿En cuántas alineaciones juegan simultáneamente los dos líberos?
   c) El entrenador quiere jugar con 2 zagueros, un líbero y 3 delanteros. ¿De cuántas formas puede hacerlo?

smSaviadigital.com VALORA LO APRENDIDO > Autoevaluación.

13 Probabilidad

- ¿Puedes predecir qué resultado saldrá al lanzar una moneda al aire?
- ¿Es más probable sacar un as o sacar un oro al extraer una carta de una baraja española?
- Al lanzar dos veces un dado, ¿el segundo resultado depende del primero? ¿Y al sacar dos cartas de una baraja?

Analiza y calcula

¿Crees que merece la pena aplicar razonamientos matemáticos en los juegos de azar o piensas que al final el azar decide por su cuenta?

En la cita, Jakob Bernoulli vincula la probabilidad a la toma de decisiones, ¿por qué?

¿A qué se refiere cuando habla de la sabiduría del filósofo y la prudencia del político?

¿Piensas que el conocimiento de las leyes del azar nos ayuda en nuestra vida cotidiana? Pon algún ejemplo.

Lee y comprende

Las leyes del azar

¿Qué es más ventajoso, apostar a sacar un seis en cuatro tiradas de un dado, o sacar dos seises al lanzar dos dados 24 veces?

Pascal resolvió el problema e inició una interesante correspondencia con otro genio de la época, Pierre de Fermat (1601-1665). Era el verano de 1654 y, sin saberlo, estaban poniendo una de las primeras piedras de una nueva rama de las matemáticas: la teoría de las probabilidades. Un año más tarde Christiaan Huygens conocería la correspondencia entre Pascal y Fermat y puso su empeño en la resolución de estos problemas; el fruto de este trabajo fue la obra titulada *De los razonamientos en los juegos de azar*, publicada en 1657.

Aunque serán tres auténticos genios matemáticos, dos suizos, Jakob Bernoulli (1654-1705) y Leonhard Euler (1701-1783) y un francés, Pierre Simon de Laplace (1749-1827), los que elevarían la teoría de las probabilidades a la categoría de ciencia matemática. El primero, con la obra *Ars conjectandi* publicada en 1713, ocho años después de su muerte, pondrá las bases matemáticas del cálculo de probabilidades. En ella afirma:

"*Ars conjectandi* se define como el arte de medir lo más exacto posible la probabilidad de las cosas, para que en nuestros juicios o acciones podamos siempre elegir lo que será encontrado como lo mejor, más satisfactorio, moderado y razonable. En esta unidad se resume toda la sabiduría del filósofo y la prudencia del político."

ANTONIO PÉREZ SANZ
Más por menos. Entiende las matemáticas.
Editorial Espasa. 2011

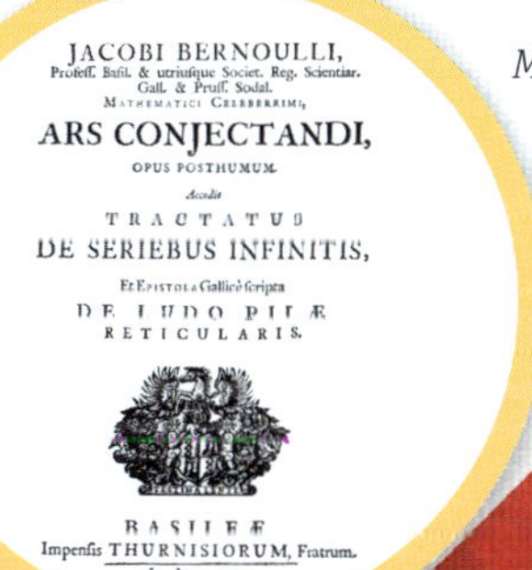
JACOBI BERNOULLI,
Profess. Basil. & utriusque Societ. Reg. Scientiar. Gall. & Pruss. Sodal.
MATHEMATICI CELEBERRIMI,
ARS CONJECTANDI,
OPUS POSTHUMUM.
Accedit
TRACTATUS
DE SERIEBUS INFINITIS,
Et EPISTOLA Gallicè scripta
DE LUDO PILÆ
RETICULARIS.
BASILEÆ
Impensis THURNISIORUM, Fratrum.
clↄ Iↄcc xIII.

Reflexiona y saca conclusiones

En la pregunta inicial del texto, ¿qué opción elegirías? ¿Por qué?

¿Por qué crees que matemáticos tan notables dedicaban su tiempo y sus esfuerzos en resolver problemas relacionados con juegos de azar?

¿Sabes cómo analizar un juego para elegir la mejor estrategia?

1 Azar y determinismo. Sucesos

En la vida cotidiana hay acontecimientos cuyo resultado es completamente predecible y otros que dependen del azar.

Ejemplos

- Al dejar caer un dado desde una altura determinada, se puede calcular exactamente el tiempo que tarda en llegar al suelo.
- Es imposible predecir qué cara quedará en la parte superior del dado. Solo se sabe que será un número entre 1 y 6.

- Un experimento es **determinista** cuando se puede predecir su resultado antes de realizarlo.
- Un experimento es **aleatorio** si al repetirlo varias veces en las mismas condiciones se pueden obtener distintos resultados.

Para estudiar los resultados de un experimento aleatorio, es conveniente definir los siguientes conceptos:

Ten en cuenta

El espacio muestral es diferente del espacio de sucesos.

- El **espacio muestral**, ***E***: es el conjunto formado por todos los resultados posibles.
- **Sucesos**: cualquier subconjunto del espacio muestral. Se representan con letras mayúsculas.
- El **espacio de sucesos**, ***S***: es el conjunto formado por todos los sucesos asociados a ese experimento.

Ejemplo ▸ Escribe el espacio muestral y un suceso del experimento "lanzar un dado cúbico":

- El espacio muestral es: $E = \{1, 2, 3, 4, 5, 6\}$
- Un suceso puede ser A = "sacar un número mayor que 3" $= \{4, 5, 6\}$.

Tipos de sucesos

- Un suceso es **elemental** si es uno de los resultados posibles.
- Un suceso es **compuesto** si está formado por varios sucesos elementales.
- Un suceso es **imposible** si no ocurre nunca. Se representa con el símbolo $\varnothing$.
- Un suceso es **seguro** si ocurre siempre. Coincide con el espacio muestral, ***E***.
- El suceso **contrario** o **complementario** de un suceso ***A***, $\bar{A}$, está formado por todos los sucesos elementales que no son de ***A***.

Ten en cuenta

Los sucesos contrarios verifican:

- $A \cap \bar{A} = \varnothing$
- $A \cup \bar{A} = E$

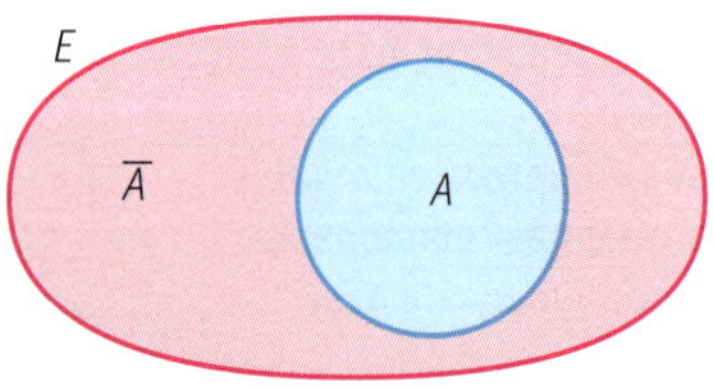

Ejemplo ▸ En el experimento de lanzar un dado cúbico, escribe los sucesos:

- El suceso A = "sacar un número par", está formado por los elementos $\{2, 4, 6\}$. Es un suceso compuesto porque está formado por los sucesos elementales:

  B = "sacar un 2" $= \{2\}$

  C = "sacar un 4" $= \{4\}$

  D = "sacar un 6" $= \{6\}$

- El suceso F = "sacar un 7" es un suceso imposible porque no puede ocurrir nunca.

  $$F = \{\varnothing\}$$

- Si consideramos el suceso H = "sacar menos de 5" $= \{1, 2, 3, 4\}$, el suceso contrario, $\bar{H}$, es $\bar{H} = \{5, 6\}$ = "sacar un 5 o un 6".

Operaciones con sucesos

- La **unión** de dos sucesos A y B, $\boldsymbol{A \cup B}$, está formado por todos los elementos de A y de B. Ocurre cuando sucede A o sucede B o ambos a la vez.
- La **intersección** de dos sucesos A y B, $\boldsymbol{A \cap B}$, está formado por los elementos comunes de A y de B. Ocurre si suceden al mismo tiempo A y B.
- La **diferencia** de sucesos A y B, $\boldsymbol{A - B}$ está compuesto por los elementos de A que no están en B. Ocurre cuando sucede A y no sucede B. Se escribe $\boldsymbol{A - B = A \cap \overline{B}}$.

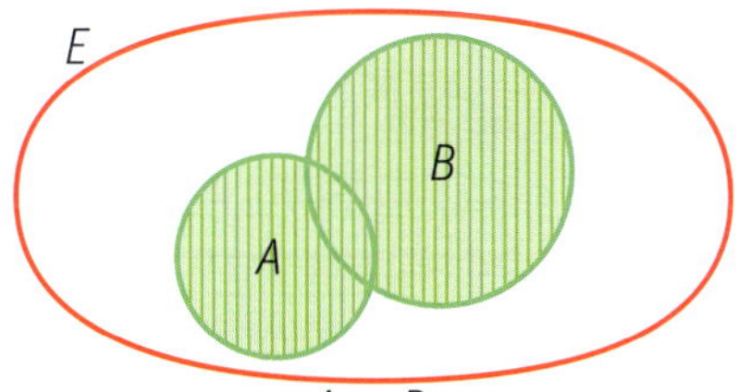

$A \cup B$

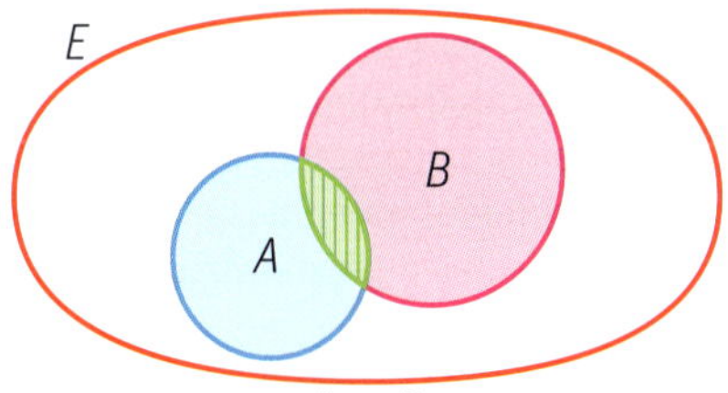

$A \cap B$

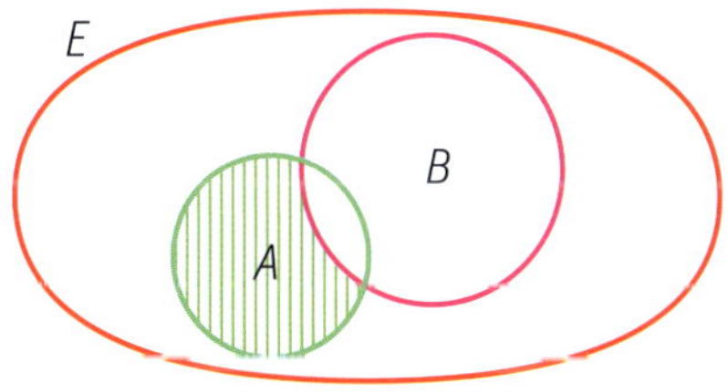

$A - B = A \cap \overline{B}$

Ejemplo ▸ En el experimento "lanzar tres veces una moneda" se consideran los sucesos A = "sacar más cruces que caras" y B = "sacar un número impar de caras". Escribe los sucesos:

$$A \cup B,\ A \cap B \text{ y } A - B$$

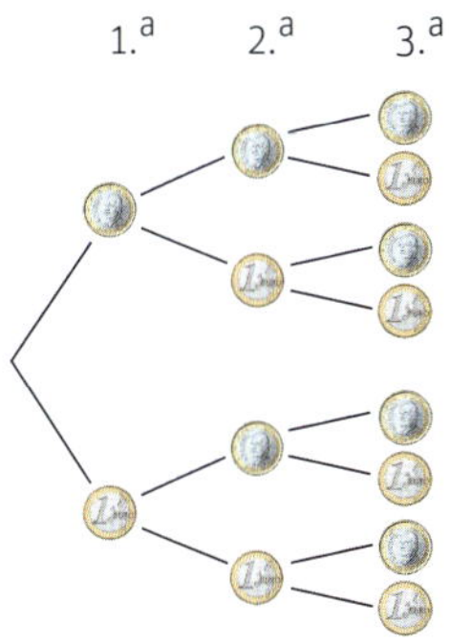

$A = \{XXX, XXC, XCX, CXX\}$ $\quad$ $B = \{XXC, XCX, CXX, CCC\}$

- El suceso $A \cup B$ = "sacar más cruces que caras o sacar un número impar de caras" está formado por los elementos que están en el suceso A o en el suceso B.

$$A \cup B = \{XXX, XXC, XCX, CXX, CCC\}$$

- El suceso $A \cap B$ = "sacar más cruces que caras y sacar un número impar de caras" está formado por los elementos que están simultáneamente en A y en B.

$$A \cap B = \{XXC, XCX, CXX\}$$

- El suceso $A - B$ = "sacar más cruces que caras sin sacar un número impar de caras" estará formado por los elementos de A que no están en B.

$$A - B = A \cap \overline{B} = \{XXX\}$$

MAT-TIC GeoGebra

Entra en smSaviadigital.com y utiliza diagramas de Venn.

Compatibilidad de sucesos

Dos sucesos A y B son **compatibles** si tienen algún elemento en común: $A \cap B \neq \varnothing$.

Dos sucesos A y B son **incompatibles** si no tienen elementos en común: $A \cap B = \varnothing$.

Ejemplo ▸ En el experimento "lanzar tres veces una moneda" se consideran los sucesos A = "sacar más cruces que caras", B = "sacar un número impar de caras" y C = "sacar un número par de caras".

- $A \cap B = \{XXC, XCX, CXX\} \neq \varnothing \Rightarrow A$ y B son sucesos compatibles.
- $B \cap C = \{\varnothing\} \Rightarrow B$ y C son sucesos incompatibles.

ACTIVIDADES

1. Se lanza una moneda tres veces.

a) Escribe el espacio muestral.

b) Describe dos sucesos elementales y uno compuesto.

c) Escribe el suceso S ="salir una cara" y el suceso contrario $\overline{S}$.

2. Se extraen tres bolas de una urna con 5 bolas rojas y 5 bolas blancas.

a) Describe dos sucesos elementales y uno compuesto.

b) Escribe el suceso contrario de S ="sacar dos bolas blancas y una roja".

3. En el experimento consistente en extraer una carta de una baraja española de 40 naipes, describe los elementos de los sucesos:

a) A = "sacar un oro". $\quad$ c) C = "sacar una figura".

b) B = "sacar un rey". $\quad$ d) $A \cup B$ y $B \cup C$

4. Se extrae una bola de un bombo que contiene 10 bolas numeradas de 0 a 9. Se consideran los sucesos A = "sacar un número par", B = "sacar un múltiplo de tres". Calcula:

a) $A \cup B$ $\quad$ b) $A \cap B$ $\quad$ c) $A - B$

2 Probabilidad de un suceso

Los términos casi seguro, muy probable, probable, poco probable, indican de una forma poco precisa la posibilidad de que ocurra un suceso. El análisis probabilístico trata de cuantificar esas posibilidades.

Ten en cuenta

- Si un experimento presenta cierta regularidad se construye un **modelo teórico**, que asigna un valor a la probabilidad de cada suceso, como en el caso del dado.
- En otros casos se recurre a **la probabilidad experimental** y se asignan probabilidades según los resultados obtenidos en la simulación real o virtual del experimento.

Ejemplo ▸ Si se lanza un dado muchas veces es previsible que cada resultado salga aproximadamente el mismo número de veces.
Si se repitiese el experimento indefinidamente la frecuencia relativa de los sucesos "salir 1", "salir 2", "salir 3"... sería exactamente $\frac{1}{6}$.

La **probabilidad *P*(*A*),** de un suceso *A*, es el valor de la frecuencia relativa de ***A***, ***h*(*A*)**, al repetir el experimento infinitas veces.

La probabilidad asociada a un experimento aleatorio cumple las propiedades:

- La probabilidad de cualquier suceso *A* está comprendida entre 0 y 1:

$$\mathbf{0 \le P(A) \le 1}$$

- La probabilidad del suceso imposible es 0: $\mathbf{P(\varnothing) = 0}$
- La probabilidad del suceso seguro es 1: $\mathbf{P(E) = 1}$

Sucesos equiprobables

Si en un experimento aleatorio todos los sucesos elementales tienen la misma probabilidad se dice que son **sucesos equiprobables**.

MAT-TIC GeoGebra
Entra en smSaviadigital.com y simula el lanzamiento de uno y dos dados.

Ejemplo ▸ Al lanzar un dado cúbico, $E = \{1, 2, 3, 4, 5, 6\}$, si el dado no está trucado la probabilidad de sacar cada resultado es la misma.

$$P(1) = P(2) = P(3) = P(4) = P(5) = P(6) = \frac{1}{6}$$

$$P(1) + P(2) + P(3) + P(4) + P(5) + P(6) = \frac{1}{6} + \frac{1}{6} + \frac{1}{6} + \frac{1}{6} + \frac{1}{6} + \frac{1}{6} = 1$$

Regla de Laplace

Si en un experimento aleatorio los sucesos elementales son **equiprobables**, la probabilidad de un suceso *A* es $\mathbf{P(A) = \dfrac{n.^{\circ}\ casos\ favorables}{n.^{\circ}\ casos\ posibles}}$

Ejemplo ▸ Se lanzan dos dados de distinto color, uno negro y uno rojo. ¿Cuál es la probabilidad de que la suma de las puntuaciones de los dos dados sea 8?

El espacio muestral está formado por 36 elementos:

	1	2	3	4	5	6
1	(1,1)	(1,2)	(1,3)	(1,4)	(1,5)	(1,6)
2	(2,1)	(2,2)	(2,3)	(2,4)	(2,5)	(2,6)
3	(3,1)	(3,2)	(3,3)	(3,4)	(3,5)	(3,6)
4	(4,1)	(4,2)	(4,3)	(4,4)	(4,5)	(4,6)
5	(5,1)	(5,2)	(5,3)	(5,4)	(5,5)	(5,6)
6	(6,1)	(6,2)	(6,3)	(6,4)	(6,5)	(6,6)

A = "la suma de los dados es 8" = $= \{(2,6), (3,5), (4,4), (5,3), (6,2)\}$

Todos los sucesos del espacio muestral son equiprobables y el suceso *A* tiene 5 elementos, por tanto:

$$P(A) = \frac{n.^{\circ}\text{ casos favorables}}{n.^{\circ}\text{ casos posibles}} = \frac{5}{36} = 0{,}139$$

Probabilidad de la unión de sucesos

La **probabilidad de la unión** de dos sucesos A y B es:

$$P(A \cup B) = P(A) + P(B) - P(A \cap B)$$

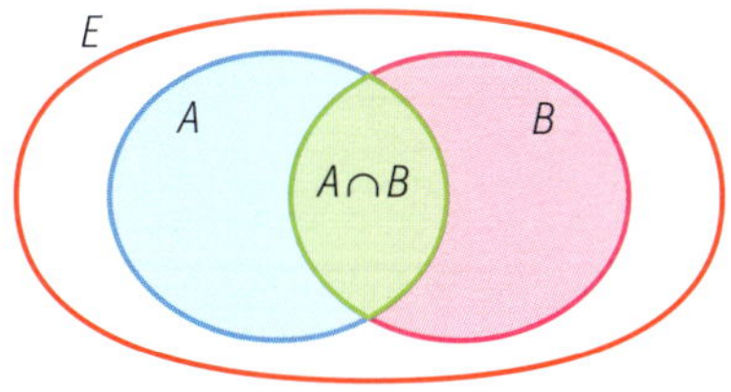

Si A y B son sucesos incompatibles, $A \cap B = \varnothing \Rightarrow P(\varnothing) = 0 \Rightarrow P(A \cup B) = P(A) + P(B)$

Ejemplo ▸ Se extrae una carta de una baraja española de 40 cartas y se definen los sucesos:

A = "sacar un oro"	B = "sacar una copa"	C = "sacar un as"
$P(A) = \frac{10}{40}$	$P(B) = \frac{10}{40}$	$P(C) = \frac{4}{40}$

Calcula la probabilidad de los sucesos $A \cup B$ y $A \cup C$.

- Suceso $A \cup B$ = "sacar un oro o una copa".

  A y B son sucesos incompatibles, es decir, $A \cap B = \varnothing \Rightarrow P(A \cap B) = 0$.

$$P(A \cup B) = P(A) + P(B) - P(A \cap B) = \frac{10}{40} + \frac{10}{40} - 0 = \frac{20}{40} = \frac{1}{2}$$

- Suceso $A \cup C$ = "sacar un oro o un as".

  A y C son compatibles, $A \cap C$ = "as de oros" $\Rightarrow P(A \cap C) = \frac{1}{40}$.

$$P(A \cup C) = P(A) + P(C) - P(A \cap C) = \frac{10}{40} + \frac{4}{40} - \frac{1}{40} = \frac{13}{40}$$

Probabilidad del suceso contrario

La **probabilidad del suceso contrario de A** es $P(\bar{A}) = 1 - P(A)$.

Para probarlo se utiliza que un suceso y su contrario son incompatibles, $A \cap \bar{A} = \varnothing$, y que su unión forma el espacio muestral, $A \cup \bar{A} = E$.

Aplicando la probabilidad de la unión de sucesos, se halla la probabilidad del suceso contrario:

$$P(A \cup \bar{A}) = P(E) = 1 \Rightarrow P(A) + P(\bar{A}) = 1 \Rightarrow P(\bar{A}) = 1 - P(A)$$

smSaviadigital.com
PRACTICA la probabilidad de un suceso.

ACTIVIDADES

5. En una bolsa hay 4 bolas rojas, 3 verdes y 2 azules. Si se saca al azar una bola de la bolsa, halla las siguientes probabilidades.

a) Que la bola sea verde.

b) Que la bola no sea roja.

c) Que la bola sea verde o azul.

d) Que la bola no sea roja ni azul.

6. Se elige un número al azar entre 1 y 50. Calcular la probabilidad de que:

a) Sea un múltiplo de 4.

b) Sea múltiplo de 6.

c) Sea múltiplo de 6 y de 4.

d) Sea múltiplo de 6 o de 4.

7. Se lanzan un dado blanco y otro rojo y se consideran los sucesos:

- A = "la suma de los puntos es 6"
- B = "sacar los mismos puntos en los dos dados"
- C = "sacar más de 3 en el dado rojo"

Calcula las probabilidades de los sucesos:

a) A, B y C

b) $\bar{B}$

c) $A \cap C$ y $A \cup C$

d) $\overline{A \cap B}$

8. Si A y B son dos sucesos de un mismo experimento y sabemos que $P(A) = 0{,}6$, $P(B) = 0{,}3$ y $P(A \cup B) = 0{,}7$. ¿Son A y B sucesos incompatibles? Calcula la probabilidad de $A \cap B$.

3 Sucesos dependientes e independientes. Probabilidad de experimentos compuestos.

Si se realizan dos o más experimentos simples de forma simultánea o uno detrás de otro, se obtiene un **experimento compuesto**. En ocasiones puede ocurrir que el resultado de uno influya en el resultado de los siguientes.

Ejemplo ▸ Se extraen sucesivamente dos cartas de una baraja española de 40 naipes. ¿Cuál es la probabilidad de que la primera sea un as? ¿Y de que lo sea la segunda?

La probabilidad del suceso A_1 = "la 1.ª carta extraída es un as", es: $P(A_1)=\frac{4}{40}=\frac{1}{10}$

La probabilidad del suceso A_2 = "la 2.ª carta extraída es un as" depende de si se devuelve o no la primera carta extraída de la baraja:

- **Si hay devolución** el resultado de la primera extracción no influye, sigue habiendo 4 ases y 40 cartas. Por tanto, $P(A_2)=\frac{4}{40}=\frac{1}{10}$.
- **Si no hay devolución** y se supone que en la primera extracción ha salido un as, para la segunda extracción solo quedan 3 ases y 39 cartas. El resultado de la primera extracción condiciona el resultado de la segunda y se representa como A_2/A_1. Por tanto, $P(A_2/A_1)=\frac{3}{39}=\frac{1}{13}$.

- Dos sucesos son **dependientes** cuando la realización del segundo está condicionada por la realización del primero. Se representa como $\boldsymbol{A_2 / A_1}$.
- Dos sucesos son **independientes** cuando la realización del segundo no está condicionada por la realización del primero.

Probabilidad de experimentos compuestos

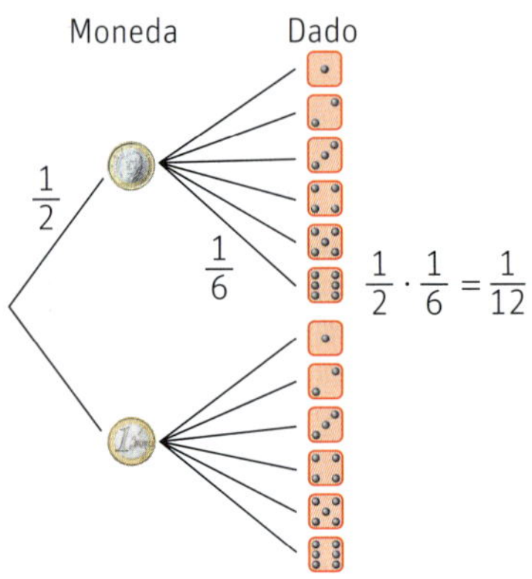

Ejemplo ▸ Se lanza una moneda y un dado cúbico. Calcula la probabilidad del suceso A = "sacar cruz y un número par".

Es un experimento compuesto formado por dos experimentos simples:

$E=\{(C, 1), (C, 2), (C, 3), (C, 4), (C, 5), (C, 6), (X, 1), (X, 2), (X, 3), (X, 4), (X, 5), (X, 6)\}$

- Por tanto, el número total de casos es el producto de los resultados de lanzar la moneda y los del dado: $2 \cdot 6 = 12$ elementos.
- Los casos favorables del suceso A son: $\{(X,2), (X,4), (X,6)\}$.

Utilizando la regla de Laplace: $P(A)=\frac{\text{n.º casos favorables}}{\text{n.º casos posibles}}=\frac{3}{12}=\frac{1}{4}$

Observa que $P(A)=P(X)\cdot P(\text{par})=\frac{1}{2}\cdot\frac{3}{6}=\frac{3}{12}=\frac{1}{4}$.

La probabilidad de un suceso de un experimento compuesto **es el producto de las probabilidades** de los sucesos simples que lo forman.

MAT-TIC GeoGebra

Practica con diagramas de árbol en sm**Savia**digital.com.

ACTIVIDADES

9. De una baraja de 40 cartas se extraen simultáneamente dos cartas (equivale a no reponer la primera). Halla las probabilidades de que:

a) Las dos sean copas.

b) Al menos una sea copas.

10. Una bolsa contiene 5 bolas blancas, 3 rojas y 2 azules. Se extraen dos bolas sucesivamente. ¿Cuál es la probabilidad de que las dos sean del mismo color si devolvemos la primera bola a la bolsa? ¿Y si no lo hacemos?

4 Probabilidad condicionada

Ejemplo ▸ En una urna hay 5 bolas rojas y 4 azules del mismo tamaño numeradas.

- Se saca una bola al azar, ¿cuál es la probabilidad de que la bola sea un 1?

  En la urna hay 3 unos en las 9 bolas, por tanto $P(1) = \frac{3}{9} = \frac{1}{3}$.

- Si se sabe que la bola extraída es roja, ¿cuál es ahora la probabilidad de que sea un 1?
  La probabilidad $P(1/R)$ se puede obtener utilizando la regla de Laplace:

$$P(1/R) = \frac{P(1 \cap R)}{P(R)} = \frac{\frac{2}{9}}{\frac{5}{9}} = \frac{2}{5}$$

La probabilidad de obtener 1 cambia cuando se dispone de información adicional.

Si A y B son dos sucesos de un experimento y B no es el suceso imposible, $P(B) > 0$, la **probabilidad de A condicionado por B** es:

$$P(A/B) = \frac{P(A \cap B)}{P(B)}$$

Ten en cuenta

Si A y B son sucesos independientes:
$P(B/A) = P(B) \Rightarrow P(A \cap B) = P(A) \cdot P(B)$

A partir de la expresión de la probabilidad condicionada, se deduce la regla de la multiplicación de las probabilidades condicionadas. Si $P(A) > 0$ y $P(B) > 0$, se verifica que:

$$P(A \cap B) = P(B) \cdot P(A/B) \text{ y } P(A \cap B) = P(A) \cdot P(B/A)$$

Tablas de contingencia

Las tablas de doble entrada asociadas a un experimento se denominan tablas de contingencia y son útiles para asignar probabilidades condicionadas.

Ejemplo ▸ En una bolsa hay 5 bolas grandes y 4 pequeñas. Se sabe que 6 son blancas y 3 negras y que 3 de las bolas grandes son blancas.

- Si se extrae una bola al azar, ¿cuál es la probabilidad de que sea blanca y pequeña?
  Se organizan los datos en una tabla de contingencia, completando los que faltan:

	Blancas	Negras	Total
Grandes	3	2	5
Pequeñas	3	1	4
Total	6	3	9

  Así, $P(B \cap P) = \frac{3}{9} = \frac{1}{3}$.

- Si ha salido una bola grande, ¿cuál es la probabilidad de que sea negra?

  La probabilidad es $P(N/G) = \frac{2}{5}$.

ACTIVIDADES

11. En una clase hay 12 chicas y 16 chicos. Si se eligen 2 alumnos al azar, calcula la probabilidad en cada caso.

a) Que sean los dos chicos.

b) Que sean exactamente un chico y una chica.

c) Que haya al menos una chica.

d) Que no haya ningún chico.

12. Un alumno ha estudiado 10 de los 15 temas de un examen. El profesor preselecciona dos temas y deja que el alumno escoja uno de los dos. Halla la probabilidad de que el alumno pueda elegir uno de los temas estudiados.

13. En una ciudad el 25 % de las mujeres y el 40 % de los hombres usan gafas. Halla la probabilidad de que, al elegir una persona al azar, sea una mujer y use gafas.

5 Probabilidad total

Ejemplo ▸ La población activa de un país está formada por un 15 % de trabajadores dedicados a la agricultura, un 30 %, a la industria, y el 55 %, al sector servicios. El 60 % de los trabajadores agrícolas son mayores de 50 años, el 35 %, en industria, y el 40 %, en el sector servicios. Si se selecciona un trabajador al azar, ¿qué probabilidad hay de que tenga más de 50 años?

Los sucesos A: "dedicarse a la agricultura", I = "dedicarse a la industria" y S = "dedicarse a los servicios" son incompatibles dos a dos y su unión constituye el espacio muestral que es la población activa.

Si B es el suceso "tener más de 50 años", se representa en un diagrama de árbol los sucesos y sus probabilidades.

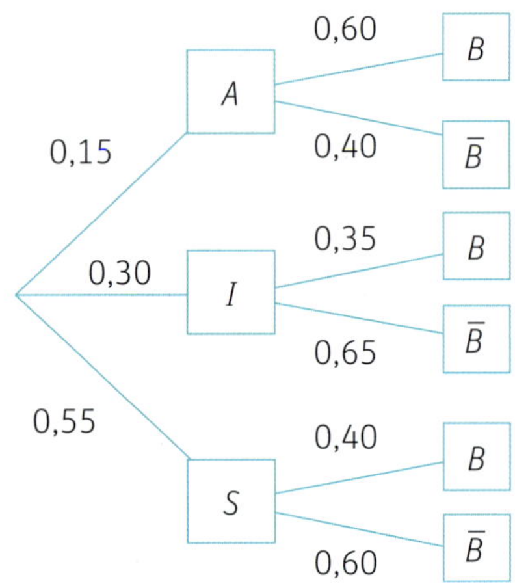

El suceso B es la unión de los sucesos: $B = (B \cap A) \cup (B \cap I) \cup (B \cap S)$. Como A, I y S son incompatibles $P(B) = P(B \cap A) + P(B \cap I) + P(B \cap S)$.

Aplicando la regla de la multiplicación de la probabilidad condicionada:

$$P(B) = P(A) \cdot P(B/A) + P(I) \cdot P(B/I) + P(S) \cdot P(B/S) =$$
$$= 0{,}15 \cdot 0{,}60 + 0{,}30 \cdot 0{,}35 + 0{,}55 \cdot 0{,}40 = 0{,}09 + 0{,}105 + 0{,}22 = 0{,}415$$

Ten en cuenta

Una **partición** del espacio muestral E. es el conjunto de sucesos $A_1, A_2, ..., A_n$ que verifican:

- $A_i \cap A_j = \varnothing$ si $i \neq j$
- $A_1 \cup A_2 \cup ... \cup A_n = E$

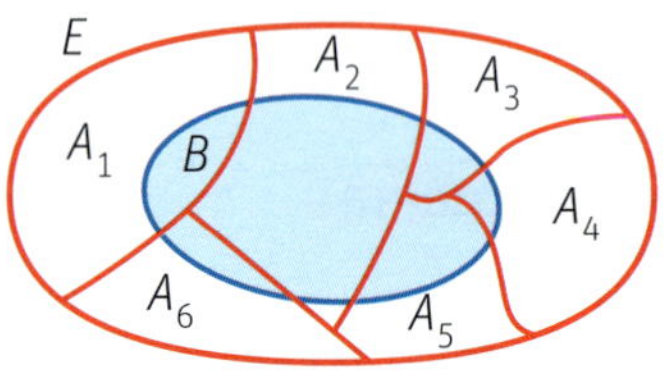

MAT-TIC GeoGebra

Entra en smSaviadigital.com y trabaja la probabilidad total con diagramas de árbol.

Teorema de la probabilidad total:

$$P(B) = P(A_1) \cdot P(B / A_1) + P(A_2) \cdot P(B / A_2) + ... + P(A_n) \cdot P(B / A_n)$$

donde B es un suceso cualquiera asociado al experimento y $A_1, A_2, ..., A_n$ son un conjunto de sucesos que verifican:

- Son incompatibles dos a dos: $A_i \cap A_j = \varnothing$, si $i \neq j$
- Su unión es el espacio muestral: $A_1 \cup A_2 \cup A_3 \cup ... \cup A_n = E$

ACTIVIDADES

14. En una academia de inglés se imparten clases de tres niveles: inicial, básico y avanzado.

- En el nivel inicial están el 50 % de los inscritos, en el básico, el 30 %, y en el avanzado, el 20 %.
- En el nivel inicial hay un 55 % de mujeres, en el nivel básico, un 60 %, y en el avanzado, un 45 %.

a) Se elige al azar una persona inscrita. ¿Cuál es la probabilidad de que sea un hombre y esté en el nivel básico?

b) ¿Cuál es la probabilidad de que sea una mujer?

15. Una industria fabrica dos tipos de tornillos A y B.

- Produce al día 600 del tipo A y 800 del tipo B.
- El 4 % de los de tipo A y el 5 % de los de tipo B salen defectuosos.

Si se selecciona un tornillo al azar, ¿cuál es la probabilidad de que no sea defectuoso?

16. Una urna contiene 4 bolas blancas y negras del mismo tamaño. Se sabe que al menos hay una de cada color. Se extrae una bola. ¿Cuál es la probabilidad de que sea blanca?

Teorema de Bayes

En algunas ocasiones, se conoce el resultado de un experimento y se quiere calcular la probabilidad de un suceso previo.

Ejemplo ▸ El 60 % los alumnos de la clase aprueban matemáticas. El 70 % de ellos practica deporte semanalmente. Entre los que no aprueban matemáticas, también el 80 % practica deporte. Si se elige al azar un alumno y se sabe que practica deporte, ¿qué probabilidad hay de que apruebe matemáticas?

Se llama A al suceso "aprobar matemáticas" y D al suceso "hacer deporte".

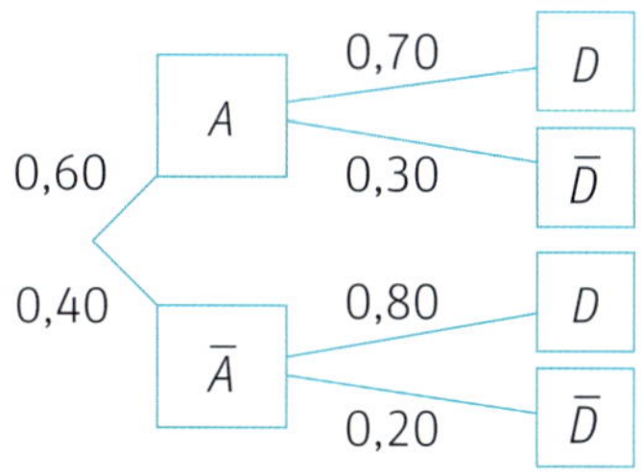

La probabilidad que se quiere calcular es la del suceso A/D.

Utilizando la definición de la probabilidad de la intersección de sucesos, se tiene que: $P(A \cap D) = P(A) \cdot P(D/A) = P(D) \cdot P(A/D)$, de donde se puede despejar $P(A/D)$:

$$P(A/D) = \frac{P(A) \cdot P(D/A)}{P(D)}$$

1.º Se calcula $P(D)$ con el teorema de probabilidad total:

$$P(D) = P(A) \cdot P(D/A) + P(\bar{A}) \cdot P(D/\bar{A}) = 0{,}60 \cdot 0{,}70 + 0{,}40 \cdot 0{,}80 = 0{,}74$$

2.º Se sustituye en la expresión y se calcula la probabilidad de que haya aprobado matemáticas, sabiendo que practica deporte:

$$P(A/D) = \frac{P(A) \cdot P(D/A)}{P(D)} = \frac{0{,}60 \cdot 0{,}70}{0{,}74} = 0{,}57$$

Teorema de Bayes:

$$P(A_i/B) = \frac{P(A_i \cap B)}{P(B)} = \frac{P(A_i) \cdot P(B/A_i)}{P(A_1) \cdot P(B/A_1) + P(A_2) \cdot P(B/A_2) + \cdots + P(A_n) \cdot P(B/A_n)}$$

Donde B es un suceso cualquiera asociado al experimento y $A_1, A_2, \ldots, A_n$ son un conjunto de sucesos que verifican:

- Son incompatibles dos a dos: $A_i \cap A_j = \varnothing$ si $i \neq j$
- Su unión es el espacio muestral: $A_1 \cup A_2 \cup A_3 \cup \ldots \cup A_n = E$

MAT-TIC GeoGebra

En smSaviadigital.com podrás descubrir aplicaciones del teorema de Bayes.

ACTIVIDADES

17. En una ferretería hay tres cajas de bombillas. La primera contiene 20 bombillas, de las cuales 3 están fundidas, en la segunda hay 16 bombillas, con 2 fundidas, y en la tercera caja hay 10 bombillas, ninguna de ellas fundida.

a) ¿Cuál es la probabilidad de que al sacar una bombilla al azar esté fundida?

b) Se saca una bombilla y no está fundida. ¿Qué probabilidad hay de que sea de la tercera caja?

18. En una ciudad el 25 % de la población activa tiene estudios superiores. La tasa de paro entre los titulados superiores es del 8 %, mientras que en el resto de la población activa es del 30 %. Se elige una persona al azar que tiene empleo, ¿qué probabilidad tiene de ser titulado superior?

19. smSaviadigital.com

PRACTICA Aplica los teoremas de la probabilidad.

6 Análisis del azar

El azar está presente en nuestras vidas, desde el sexo de una cría, hasta las decisiones más cotidianas. Aunque no se pueda predecir el resultado concreto de un fenómeno aleatorio, sí se pueden cuantificar las distintas posibilidades.

En general, se intenta construir un modelo teórico que se ajuste al fenómeno estudiado y asignar probabilidades.

Ejemplo ▶ Luis ha encontrado cuatro huevos de pavo real. Cree que lo más probable es que sean dos machos y dos hembras, ya que la probabilidad de ser macho o hembra es la misma. ¿Es cierto o se equivoca?

La probabilidad del suceso A = "ser macho", es $P(A) = \frac{1}{2}$ y por tanto, el suceso $\overline{A}$ = "ser hembra", también tiene probabilidad $P(\overline{A}) = \frac{1}{2}$.

Así, la probabilidad de que los 2 primeros sean machos y los siguientes sean hembras será:

$$P(A, A, \overline{A}, \overline{A}) = \frac{1}{2} \cdot \frac{1}{2} \cdot \frac{1}{2} \cdot \frac{1}{2} = \frac{1}{16}$$

Pero los dos machos pueden ocupar otras posiciones en el orden de nacimiento. Para contar todas las posibilidades, se forman grupos de 2 elementos entre los 4 posibles, en los que no importa el orden y en los que no se pueden repetir los elementos. Por tanto, el número total de opciones son las combinaciones de 4 elementos tomados de 2 en 2.

$$C_{4,2} = \frac{4!}{2! \cdot 2!} = \frac{4 \cdot 3 \cdot \cancel{2!}}{2! \cdot \cancel{2!}} = 6$$

La probabilidad de cada una de ellas es la misma que la de $(A, A, \overline{A}, \overline{A})$, por tanto, la probabilidad de que sean dos machos y dos hembras es:

$$P(\text{2 machos y 2 hembras}) = 6 \cdot \frac{1}{16} = \frac{3}{8} = 0{,}375 < 0{,}5$$

Lo más probable es no sean dos machos y dos hembras.

Ejemplo ▶ Una forma de echar a suertes, es tomar tres palitos donde uno es más corto que los otros. Una persona los sujeta en la mano y oculta uno de los extremos, mientras los otros van sacando uno a uno los palos. ¿Quién tiene ventaja, el que saca en primer lugar, en segundo o el último?

Se define el suceso C = "sacar el palo corto" y $\overline{C}$ a su contrario. Las probabilidades de sacar el palo corto de cada persona son:

- 1.ª persona: $P(C_1) = \frac{1}{3}$
- 2.ª persona: Solo lo puede sacar si el primero ha sacado palo largo. Como quedan uno largo y uno corto: $P(C_2) = P(\overline{C}_1) \cdot P(C / \overline{C}_1) = \frac{2}{3} \cdot \frac{1}{2} = \frac{1}{3}$.
- 3.ª persona: Solo es posible si el primero y el segundo han sacado palo largo, es decir, $P(C_3) = 1 - P(C_1) - P(C_2) = 1 - \frac{1}{3} - \frac{1}{3} = \frac{1}{3}$.

Los tres tienen las mismas probabilidades, se trata, por tanto, de "un juego justo".

Ejemplo ▸ El problema de Monty Hall.

Se conoce así porque se planteó en un programa de televisión de EE. UU., *Let's Make a Deal* (Hagamos un trato), cuyo presentador se llamaba Monty Hall.

El concursante debe elegir una de las tres puertas cerradas que contienen los premios: un coche y dos calabazas.

Una vez elegida, el presentador, que conoce el contenido de las tres puertas, abre una de las restantes y descubre una de las calabazas. A continuación, ofrece al concursante cambiar su elección. ¿Qué es mejor, cambiar o quedarse con la puerta elegida?

Puede parecer que las dos puertas que quedan tienen las mismas posibilidades, pero eso no es del todo cierto.

- Se supone que en la primera elección el concursante ha elegido la puerta 3. La probabilidad de que esta puerta oculte el coche es $\frac{1}{3}$. La probabilidad de que esté en las otras dos puertas será $\frac{2}{3}$.
- Cuando el presentador abre una puerta y se comprueba que no está el coche, la otra puerta acumula los $\frac{2}{3}$ de la probabilidad anterior.

Por tanto, la probabilidad de que el coche esté en ella es el doble de la probabilidad de que esté en la elegida al principio por el concursante. Sin lugar a dudas la mejor opción será: ¡cambiar de puerta!

MAT-TIC GeoGebra

Entra en sm**Savia**digital.com y realiza una simulación del problema de Monty Hall.

ACTIVIDADES

20. En un concurso hay dos bolsas. En la bolsa *A* hay 3 bolas verdes y 2 rojas y en la bolsa *B* hay 7 bolas verdes, una blanca y 5 bolas rojas. Tienes que elegir una bolsa y sacar una bola roja para ganar un premio.

a) ¿Qué bolsa elegirías?

b) ¿Qué probabilidad tienes de ganar?

c) Si ha salido una bola roja, ¿que probabilidad hay de que el concursante haya elegido la bolsa *A*?

21. Mi abuelo ha marcado las 6 caras de un dado con cuatro Δ y dos O y dos urnas, una con un Δ y otra con una O.

Me pide tirar el dado y sacar una bola de la urna marcada con esa letra y dice que me dará el equivalente en euros al número de la bola.

a) Calcula la probabilidad de que me dé 45 €.

b) Calcula la probabilidad de que me dé solo 3 €.

22. En un juego se utilizan dos monedas iguales pero una de ellas está trucada y sale cara un 75 % de las veces. Se escoge una moneda al azar y se lanza.

a) ¿Cuál es la probabilidad de sacar cara?

b) En el lanzamiento ha salido cara, ¿cuál es la probabilidad de haber elegido la moneda trucada?

23. Calcula la probabilidad de ganar en este juego de cartas:

- Se ponen en un montón las cartas as, 2, 3, 4 y 5 de oros de una baraja española.
- Se barajan las cinco cartas y se sacan una tras otra tres de ellas sin reemplazamiento.
- Se gana si las tres cartas son consecutivas.

24. Se ha realizado un test sobre una nueva vacuna a 12000 personas. En 75 de ellas, entre las que había 30 mujeres embarazadas, se ha producido una reacción secundaria adversa.

a) Si la vacuna se ha administrado a 700 mujeres embarazadas, ¿cuál es la probabilidad de que una mujer embarazada sufra la reacción?

b) ¿Cuál es la probabilidad de que una persona no embarazada tenga una reacción adversa?

Organiza tus ideas

AZAR Y DETERMINISMO

Un experimento es **aleatorio** si al repetirlo varias veces en las mismas condiciones se pueden obtener distintos resultados.

- El **espacio muestral**, E, es el conjunto formado por todos los resultados posibles.
- Un **suceso** es cualquier subconjunto del espacio muestral. Los tipos de sucesos son:
  - **Elemental**: si es uno de los resultados posibles.
  - **Compuesto**: si está formado por varios sucesos elementales.
  - **Imposible**: si no ocurre nunca, $\varnothing$.
  - **Seguro**: si ocurre siempre. Coincide con el espacio muestral, E.
  - **Contrario** o **complementario**, $\overline{B}$.
- El **espacio de sucesos**, S, es el conjunto formado por todos los sucesos asociados a ese experimento.

SUCESOS. OPERACIONES

UNIÓN

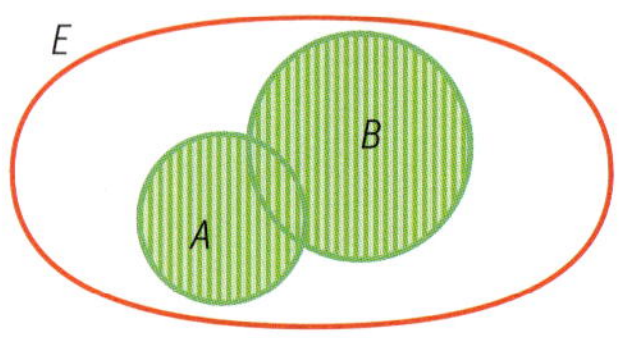

$A \cup B$

INTERSECCIÓN

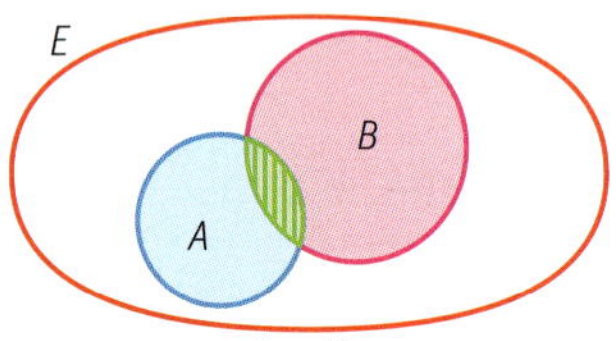

$A \cap B$

DIFERENCIA

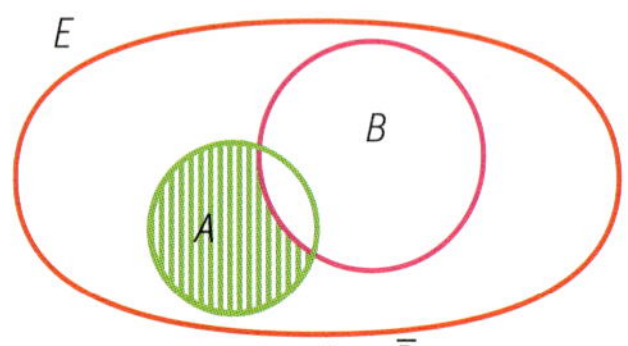

$A - B = A \cap \overline{B}$

CONTRARIO

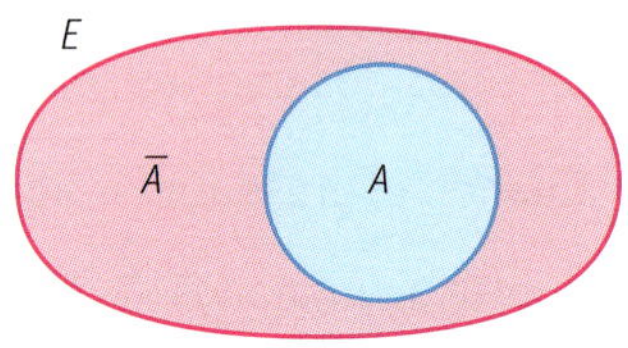

- Dos sucesos A y B son **compatibles** si $A \cap B \neq \varnothing$.
- Dos sucesos A y B son **incompatibles** si $A \cap B = \varnothing$.

PROBABILIDAD DE UN SUCESO

La **probabilidad** $P(A)$, de un suceso A, es el valor de la frecuencia relativa de A, al repetir el experimento infinitas veces.

$0 \leq P(A) \leq 1 \qquad P(\varnothing) = 0 \qquad P(E) = 1$

Regla de Laplace

Si los sucesos elementales son equiprobables, la probabilidad de un suceso A es:

$$P(A) = \frac{\text{n.° casos favorables}}{\text{n.° casos posibles}}$$

Probabilidad de la unión

$$P(A \cup B) = P(A) + P(B) - P(A \cap B)$$

Probabilidad del complementario

$$P(\overline{A}) = 1 - P(A)$$

PROBABILIDAD DE EXPERIMENTOS COMPUESTOS. PROBABILIDAD CONDICIONADA

Un **experimento compuesto** es el formado por dos o más experimentos simples.

Regla del producto

La probabilidad de un resultado de un experimento compuesto es el **producto de las probabilidades de las ramas** que forman el resultado.

Dependencia de sucesos

- **Sucesos dependientes**: la realización de uno depende de la realización del otro. $P(A \cap B) = P(A) \cdot P(B / A)$
- **Sucesos independientes**: la realización de uno no depende de la realización del otro. $P(A \cap B) = P(A) \cdot P(B)$

TEOREMA DE BAYES

La probabilidad de A condicionado por B es $P(A/B) = \dfrac{P(A \cap B)}{P(B)}$.

- **Teorema de la probabilidad total:** $P(B) = P(A_1) \cdot P(B / A_1) + P(A_2) \cdot P(B / A_2) + \ldots + P(A_n) \cdot P(B / A_n)$
- **Teorema de Bayes:** $P(A_i / B) = \dfrac{P(A_i \cap B)}{P(B)} = \dfrac{P(A_i) \cdot P(B / A_i)}{P(A_1) \cdot P(B / A_1) + P(A_2) \cdot P(B / A_2) + \ldots + P(A_n) \cdot P(B / A_n)}$

Actividades clave

1. En un estudio de uso de redes sociales en una población, el 35 % de los encuestados usa la red *A*, y el 25 %, la red *B*, mientras que un 5 % dice usar ambas redes.

Si se elige una persona al azar, calcula las siguientes probabilidades.

a) Que use alguna red social.

b) Que solo use la red *A*.

c) Que use solo una red.

d) Que no use ninguna red.

Se designan los sucesos *A* = "usar la red *A*" y *B* = "usar la red *B*" y se utilizan diagramas de Venn para asignar probabilidades:

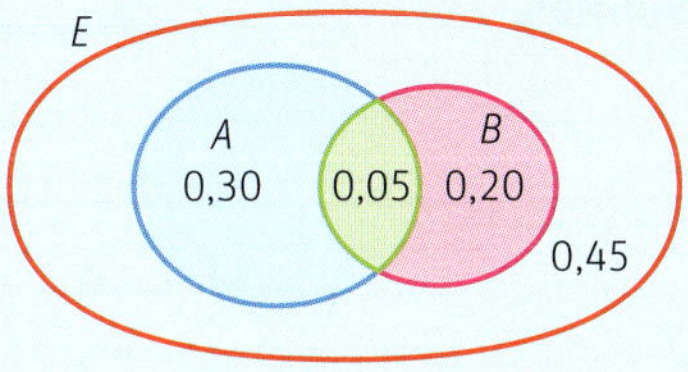

- Un 5 % usa ambas redes:
  $$P(A \cap B) = 0{,}05$$
- Los que solo usan la red *A*:
  $$P(A - B) = P(A \cap \overline{B}) = 0{,}35 - 0{,}05 = 0{,}30$$
- Los que solo usan *B*:
  $$P(B - A) = P(B \cap \overline{A}) = 0{,}25 - 0{,}05 = 0{,}20$$
- Los que no usan ninguna red:
  $$P(\overline{A \cup B}) = 0{,}45$$

a) El suceso "usar alguna red" se puede expresar como $A \cup B$:

$$P(A \cup B) = P(A) + P(B) - P(A \cap B) = 0{,}35 + 0{,}25 - 0{,}05 = 0{,}55$$

b) El suceso "usar solo la red *A*" se puede expresar como $A - B$:

$$P(A - B) = 0{,}30$$

c) El suceso "usar solo una red" se describe como $(A - B) \cup (B - A)$:

$$P\,[(A - B) \cup (B - A)] = 0{,}30 + 0{,}20 = 0{,}50$$

d) El suceso "no usar ninguna red" se expresa como $(\overline{A \cup B})$.

$$P(\overline{A \cup B}) = 0{,}45$$

2. Una bolsa tiene 5 bolas verdes y 3 negras. Se sacan sucesivamente dos bolas, sin devolver la primera.

Raúl apuesta que las dos bolas serán del mismo color y Estela que serán de distinto color.

¿Quién tiene mayor probabilidad de acertar?

Se utiliza un diagrama de árbol para representar la situación:

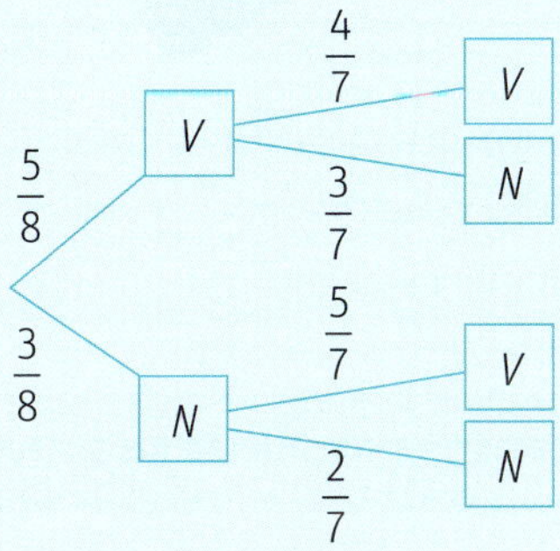

- Raúl acierta si se sacan dos verdes o dos negras:
  $$P(\text{Raúl}) = P(VV) + P(NN) = \frac{5}{8}\cdot\frac{4}{7} + \frac{3}{8}\cdot\frac{2}{7} = \frac{20+6}{56} = \frac{13}{28} = 0{,}46$$
- Y Estela acierta si se sacan dos bolas de distinto color:
  $$P(\text{Estela}) = 1 - P(\text{Raúl}) = 1 - \frac{13}{28} = \frac{15}{28} = 0{,}54$$

Tiene más probabilidades de acertar Estela.

3. A una prueba se han presentado 80 mujeres y 70 hombres. Aprueban el 60 % de las mujeres y el 50 % de los hombres.

a) ¿Cuál es la probabilidad de aprobar?

b) Se elige al azar una persona aprobada, ¿qué probabilidad hay de que sea mujer?

Se designan los sucesos así:

- A = "aprobado"
- $\overline{A}$ = "suspenso"
- M = "mujer"
- H = "hombre"

a) Para calcular la probabilidad de aprobar, se aplica el teorema de la probabilidad total:

$$P(A) = P(M)\cdot P(A/M) + P(H)P(A/H) = \frac{80}{150}\cdot 0{,}6 + \frac{70}{150}\cdot 0{,}50 = 0{,}553$$

b) La probabilidad de elegir a una mujer al azar, sabiendo que está aprobada es $P(M/A)$. Para hallarla se aplica el teorema de Bayes:

$$P(M/A) = \frac{P(M \cap A)}{P(A)} = \frac{P(M)\cdot P(A/M)}{P(M)\cdot P(A/M) + P(H)\cdot P(A/H)} = \frac{0{,}32}{0{,}553} = 0{,}578$$

Actividades

EJERCICIOS **PARA PRACTICAR**

Azar y determinismo. Sucesos

25. Indica cuáles de los experimentos siguientes son aleatorios. Cuando lo sean escribe su espacio muestral.

a) Medir el volumen de una botella de agua.

b) Encestar al lanzar un triple de espaldas a la canasta.

c) Extraer una carta de una baraja y mirar su palo.

d) Acertar el segundo premio del sorteo de la lotería de Navidad.

26. En una urna hay nueve bolas numeradas del 1 al 9.

a) Escribe los sucesos elementales.

b) Describe dos sucesos compuestos.

c) Describe dos sucesos incompatibles.

27. Se pueden construir dados equiprobables con los cinco poliedros regulares.

¿Cuántos sucesos elementales hay en los siguientes experimentos?

a) Lanzar un dado dodecaédrico y uno cúbico.

b) Lanzar un dado octaédrico y un tetraédrico.

c) Lanzar tres dados icosaédricos.

28. Se lanza un dado de ocho caras y se consideran los sucesos:

A = "sacar más de 5"

B = "sacar un número par"

C = "sacar un múltiplo de 3"

a) Escribe los elementos de los sucesos A, B y C.

b) Di si son compatibles: A y B, A y C, B y C

c) Escribe los sucesos: $\overline{C}$, $A \cap B$, $B \cup C$, $B - C$

d) Describe: $\overline{A} \cup B$, $\overline{B} \cap C$, $\overline{A \cup C}$, $\overline{B \cap C}$

29. Lanzamos un dado cúbico y consideramos los sucesos:

$A = \{1, 2, 3, 5\}$

$B = \{3, 4, 5\}$

$C = \{4, 5, 6\}$

a) Copia en tu cuaderno el diagrama de Venn y coloca los números en las regiones correspondientes.

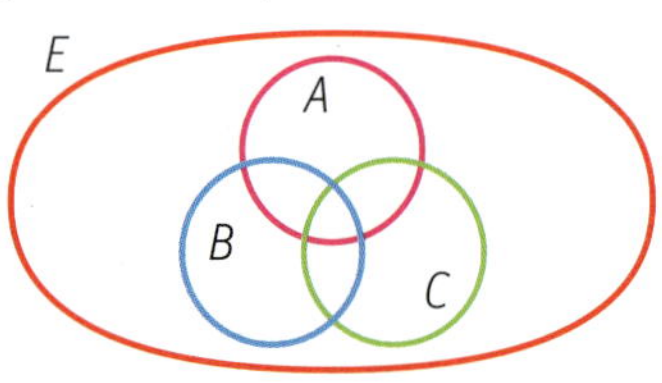

b) Calcula los sucesos:
$A \cup B \cup C$; $(A \cup B) \cap C$; $A \cup (B \cap C)$; $\overline{A} \cup B$ y $\overline{A} \cap \overline{C}$.

30. Se escoge al azar una carta de una baraja de 40 cartas. Consideramos los sucesos:

A = "sacar un basto"

B = "sacar un rey"

C = "sacar una carta más baja que 3"

Describe los sucesos:

a) $A \cap C$

b) $\overline{A} \cap \overline{B}$

c) $A \cap \overline{B}$

d) $\overline{A - C}$

31. Utiliza diagramas de Venn para comprobar si son ciertas las igualdades siguientes:

a) $\overline{A \cup B} = \overline{A} \cap \overline{B}$

b) $\overline{A \cap B} = \overline{A} \cup \overline{B}$

Probabilidad de un suceso

32. Se lanzan dos dados y se mira la diferencia de puntos entre uno y otro.

a) Escribe el espacio muestral del experimento.

b) ¿Son sucesos equiprobables? En caso negativo, escribe las probabilidades de cada suceso elemental.

c) Halla la probabilidad del suceso A = "la diferencia es menor que 4".

33. Se elige un número de tres cifras. ¿Qué probabilidad hay de que tenga alguna cifra repetida?

ACTIVIDAD **RESUELTA**

34. Sabiendo que $P(A) = 0,4$, $P(B) = 0,6$ y $P(A \cup B) = 0,7$, calcula las probabilidades siguientes:

a) $P(A \cap B)$

b) $P(A - B)$

c) Que no se cumpla ni A ni B.

a) Para calcular $P(A \cap B)$ se utiliza la probabilidad de la unión:

$P(A \cup B) = P(A) + P(B) - P(A \cap B) \Rightarrow$

$P(A \cap B) = P(A) + P(B) - P(A \cup B) = 0,4 + 0,6 - 0,7 = 0,3$

b) $P(A - B) = P(A) - P(A \cap B) = 0,4 - 0,3 = 0,1$

c) $P(\overline{A \cup B}) = 1 - P(A \cup B) = 1 - 0,7 = 0,3$

35. Se lanzan dos dados y consideramos los sucesos:

A = "sacar al menos un 6"

B = "la diferencia de puntos es 2"

Calcula las probabilidades de:

a) $A \cap B$

b) $A \cup B$

c) $A - B$

36. Se elige al azar un número de seis cifras (no puede empezar por 0). ¿Cuál es la probabilidad de que tenga al menos una cifra impar?

37. En una empresa hay 20 trabajadores: 12 hombres y 8 mujeres. Se eligen tres de ellos al azar para formar una comisión. Halla la probabilidad de que:

a) Entre los elegidos haya solo una mujer.

b) Haya al menos una mujer.

c) La comisión no sea mixta, es decir, haya solo hombres o solo mujeres.

38. Colocamos 3 bolas rojas, 3 verdes y 3 azules en fila sin mirar su color. ¿Cuál es la probabilidad de que no haya dos bolas azules juntas?

Probabilidad de sucesos compuestos

39. ¿Cuál es la probabilidad de tener 4 ases al sacar 5 cartas de una baraja de 52 cartas?

40. Se lanza una moneda 4 veces. Calcula las probabilidades de:

a) Sacar 4 cruces.

b) Sacar exactamente 3 cruces.

c) Sacar al menos 3 cruces.

d) Sacar al menos una cruz.

41. Observa la bolsa que contiene bolas del mismo tamaño.

Se sacan al azar dos bolas al mismo tiempo. Calcula la probabilidad de que:

a) Las dos sean del mismo color.

b) Las dos tengan el mismo número.

42. Con la misma bolsa del ejercicio anterior se consideran los sucesos: A = "sacar una bola negra", B = "sacar un número impar". ¿Son sucesos dependientes? Justifica la respuesta.

43. Una paloma mensajera llamada Pronta llega a su destino con el mensaje el 90 % de las veces. Otra paloma menos experta, llamada Tarda, entrega el mensaje el 80 % de las veces. Se envía a las dos palomas a un mismo destino. Calcula las probabilidades siguientes:

a) Que al menos una de las palomas entregue el mensaje.

b) Que no llegue ninguna de las dos.

Probabilidad condicionada

44. Se extraen sucesivamente tres cartas de una baraja de 40 cartas. Calcula la probabilidad de que las tres cartas sean reyes si:

a) Se vuelven a meter al mazo las cartas extraídas.

b) No se devuelven al mazo las cartas.

45. Las habitaciones de un hotel están numeradas de tal forma que la primera cifra indica la planta y las otras dos el número de la habitación en esa planta. El hotel tiene 3 plantas y en cada planta hay 40 habitaciones. Si se eligen dos habitaciones al azar, calcula la probabilidad de que las habitaciones sean contiguas.

PROBLEMA **RESUELTO**

46. En un centro educativo hay 100 estudiantes de 4.º ESO. De ellos, 40 son chicos y 30 de los 100 usan ortodoncia, de los cuales 12 son chicos. Se selecciona un estudiante al azar. Calcula la probabilidad de que:

a) Sea chica y no lleve ortodoncia.

b) Sea chico, sabiendo que lleva ortodoncia.

Se resumen los datos en una tabla de contingencia:

	Con ortodoncia	Sin ortodoncia	Total
Chicos	12	28	40
Chicas	18	42	60
Total	30	70	100

a) $P(\text{ser chica y no llevar ortodoncia}) = \frac{42}{100} = \frac{21}{50}$

b) $P(\text{ser chico / lleva ortodoncia}) = \frac{12}{30} = \frac{2}{5}$

47. En un congreso de médicos hay 200 congresistas. De ellos, 130 son morenos y 80 tienen los ojos castaños, de los cuales 50 son morenos. Se selecciona al azar a un asistente. Haz una tabla de contingencia y calcula la probabilidad de que:

a) Sea moreno y con los ojos castaños.

b) No tenga los ojos castaños y no sea moreno.

48. En una rifa con números del 001 al 500 se sortean tres premios distintos. Luisa ha comprado 10 boletos. Calcula las probabilidades siguientes:

a) Que al menos un boleto tenga premio.

b) Que tengan premio a lo sumo dos boletos.

49. Un estudio de una tienda de electrodomésticos dice que 6 de cada 10 clientes compra un televisor. La probabilidad de que un cliente compre un lector de DVD si ha comprado un televisor es 0,4, mientras que si no ha comprado el televisor la probabilidad es 0,2. Calcular la probabilidad de que:

a) Compre un televisor y un lector de DVD.

b) Compre un lector de DVD.

c) Compre un televisor si ha comprado un lector de DVD.

Actividades

Probabilidad total. Teorema de Bayes

PROBLEMA **RESUELTO**

50. **El 50 % de los alumnos de 4.º ESO cursa Cultura Clásica, el 35 %, Francés, y el 15 %, Música. El porcentaje de aprobados es, respectivamente, 80 %, 70 % y 95 %. Se elige al azar un alumno.**

a) ¿Cuál es la probabilidad de que apruebe?

b) Si se sabe que ha aprobado, ¿cuál es la probabilidad de que curse Francés?

Se identifican las asignaturas con sus iniciales: *CC*, *F* y *M*. Aprobar como *A* y suspender con $\bar{A}$. Se construye un diagrama de árbol con las probabilidades:

$P(CC) = 0{,}50$ $P(F) = 0{,}35$ $P(M) = 0{,}15$

$P(A/CC) = 0{,}80$ $P(A/F) = 0{,}70$ $P(A/M) = 0{,}95$

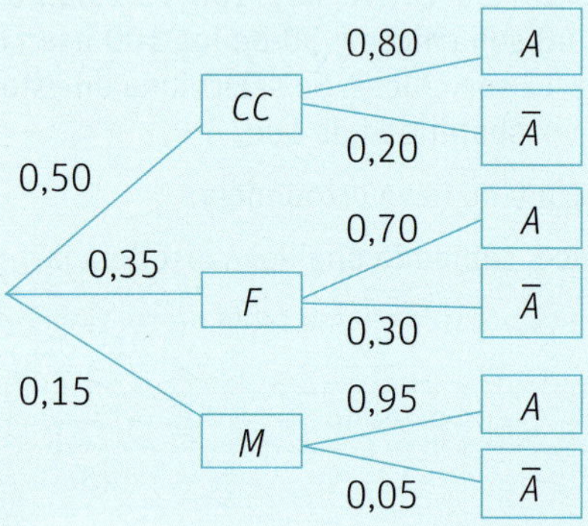

a) Se halla la probabilidad de aprobar aplicando el teorema de la probabilidad total:

$$P(A) = P(CC)\,P(A/CC) + P(F)\,P(A/F) + P(M)\,P(A/M) =$$
$$= 0{,}50 \cdot 0{,}80 + 0{,}35 \cdot 0{,}70 + 0{,}15 \cdot 0{,}95 = 0{,}7875$$

b) La probabilidad de que curse Francés, sabiendo que ha aprobado se calcula aplicando el teorema de Bayes:

$$P(F/A) = \frac{P(F) \cdot P(A/F)}{P(A)} = \frac{0{,}35 \cdot 0{,}70}{0{,}7875} = 0{,}3\widehat{1}$$

51. **Se dispone de dos urnas *A* y *B*. La urna *A* contiene 3 bolas blancas y una negra, y la urna *B*, una blanca y 2 negras. Se lanza un dado y si sale un número menor que 3 se saca una bola de la urna *A* y si no es así se saca de la urna *B*.**

a) Calcula la probabilidad de sacar una bola negra.

b) Se saca una bola de una de las urnas y es blanca. ¿Cuál es la probabilidad de que haya salido más de 2 en el dado?

52. **Existen tres medicamentos genéricos para combatir una enfermedad, excluyentes entre sí.**

- El *A* lo toman el 60 % de los enfermos y su índice de curación es del 85 %.
- El *B* lo toman el 25 % de los enfermos y es eficaz en 9 de cada 10 pacientes.
- El *C* lo toma el resto y su nivel de eficacia es del 80 %.

a) Calcula la probabilidad global de curación de un paciente.

b) Se ha seleccionado al azar a un paciente que no ha respondido positivamente al tratamiento. Calcula la probabilidad de que haya tomado el medicamento *B*.

Actividades de síntesis

53. **Indica el suceso contrario en los siguientes casos.**

a) En una clase se eligen al azar dos estudiantes.
A = "los dos son chicos"

b) En un restaurante Luis pide dos platos:
B = "sopa y pescado"

c) En una rifa Juan lleva tres números distintos:
C = "al menos uno está premiado"

54. **Se lanza una moneda tres veces. Consideramos los sucesos *A* = "solo han salido caras" y *B* = "ha salido al menos una cara". Calcula las probabilidades de los sucesos:**

a) $\bar{A}$

b) $A \cup B$

c) $\bar{A} \cap B$

d) $A \cup \bar{B}$

55. **Una urna contiene 5 bolas rojas, 3 negras y 2 blancas. Se sacan 3 bolas sin reemplazarlas. Calcula las probabilidades de los sucesos siguientes:**

a) Que las tres sean del mismo color.

b) Que sean de tres colores distintos.

56. **Se tienen 4 cajas numeradas del 1 al 4 y repartimos al azar 10 bolas idénticas entre las 4 cajas. ¿Cuál es la probabilidad de que ninguna esté vacía?**

57. **En un experimento la probabilidad de un suceso *A* es $P(A) = 0{,}50$ y la de otro suceso *B* es $P(B) = 0{,}45$. La probabilidad de la unión es $P(A \cup B) = 0{,}90$.**

a) ¿Son incompatibles *A* y *B*?

b) ¿Son independientes?

c) Calcula las probabilidades de $A \cap B$, A/B, B/A y $\bar{A} \cap B$.

58. **En un concurso de redacción el ganador elige un libro al azar entre 5 novelas y 3 libros de poesía y tras él el segundo clasificado elige otro libro. Calcular la probabilidad de que:**

a) Al segundo le toque un libro de poesía.

b) Al ganador le haya tocado una novela si sabemos que al segundo le tocó un libro de poesía.

c) Que a los dos les toque un libro del mismo género.

59. **Un pastillero *A*1 contiene 4 pastillas blancas y 3 azules, otro *A*2 tiene 5 blancas y ninguna azul y un tercero *A*3 tiene 2 blancas y 4 azules.**

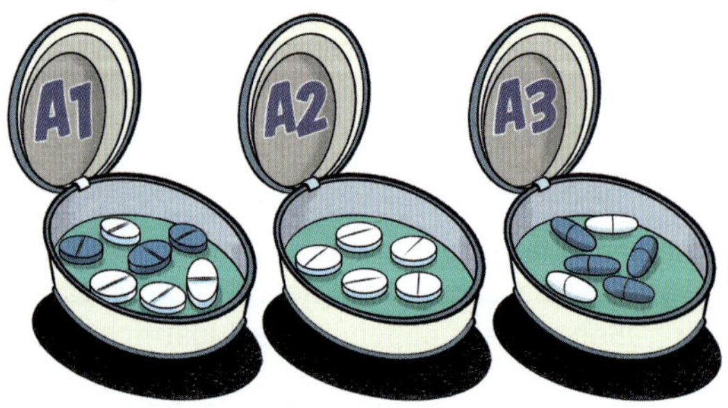

a) Se escoge un pastillero al azar y de él se extrae una pastilla. Calcula la probabilidad de que sea blanca.

b) Si ha salido una pastilla blanca, ¿cuál es la probabilidad de que la pastilla estuviera en el primer pastillero?

c) Se han juntado todas las pastillas y se extrae una al azar. Calcula la probabilidad de que sea del primer pastillero.

PROBLEMAS **PARA RESOLVER**

60. Tres bolsas contienen bolas de colores, la A tiene 5 bolas negras y 2 blancas, la B, 4 negras y 3 blancas, y la C, 4 negras y 4 blancas. Se elige una bolsa al azar y se extraen dos bolas de la misma. Calcula la probabilidad de que las dos bolas sean del mismo color.

61. En un campamento hispano-francés los participantes se han apuntado a un único deporte según la siguiente tabla:

	Tenis	Natación	Vela
Español	40	24	16
Francés	14	21	35

Indica si los siguientes pares de sucesos son independientes.

a) A = "ser español" y T = "practicar tenis"

b) B = "ser francés" y V = "practicar vela"

62. En un comercio hay instaladas dos alarmas A y B contra incendios en zonas distintas. La probabilidad de que se active la alarma A es $P(A) = 0{,}90$, la probabilidad de que se active B es $P(B) = 0{,}75$ y la probabilidad de que se activen ambas simultáneamente es $P(A \cap B) = 0{,}70$. Si hay un incendio, calcula las siguientes probabilidades:

a) Que se active alguna alarma.

b) Que no se active ninguna de las dos alarmas.

c) Que se active solo una alarma.

63. Una bolsa contiene 5 bolas rojas numeradas del 1 al 5 y 3 bolas azules numeradas del 1 al 3. Se extraen, sin reponerlas, tres bolas al azar. Calcula las probabilidades siguientes:

a) No sacar 3 bolas rojas.

b) No sacar ninguna bola roja.

c) Sacar al menos una bola roja.

64. En un plató de televisión hay dos cámaras que enfocan al presentador en todo momento. La cámara A falla en un 8 % de los casos, y la B, en un 5 %. En un 2 % fallan las dos simultáneamente. Calcula la probabilidad de que:

a) Fallen las dos cámaras.

b) Falle B sabiendo que ha fallado A.

c) No falle ninguna cámara.

65. En una fábrica de envases se ha realizado un test de calidad resultando que el 3 % salen defectuosos. Se han seleccionado 10 piezas al azar. Calcula la probabilidad de que:

a) Ningún envase sea defectuoso.

b) El primer envase defectuoso salga en la tercera extracción.

c) Que haya exactamente un envase defectuoso.

66. Un estudiante hace un test de 8 preguntas. En cada una de ellas debe elegir la respuesta correcta entre tres posibles. Para pasar el test hay que acertar al menos 6 respuestas. Si decide rellenar todas las respuestas al azar, ¿cuál es la probabilidad de que pase el test?

67. En el claustro de profesores de un centro el 60 % de los miembros son mujeres. Entre las profesoras una de cada 3 lleva gafas, mientras que entre los profesores las llevan uno de cada dos.

Se elige al azar a un miembro del claustro, ¿cuál es la probabilidad de que sea una profesora si sabemos que llevaba gafas?

ACTIVIDADES **PARA PENSAR MÁS**

68. La probabilidad de que al seleccionar un número capicúa entre 1000 y 10000 sea múltiplo de 7 es:

A. $\frac{1}{4}$ B. $\frac{1}{5}$ C. $\frac{1}{6}$ D. $\frac{1}{7}$

69. A y B son dos sucesos tales que $P(A) = 0{,}40$, $P(B/A) = 0{,}25$ y $P(B) = b$. ¿Cuál es el mayor valor posible que puede tomar b?

A. 0,40 B. 0,36 C. 0,70 D. 1

70. Se escoge un punto al azar en el interior de un cuadrado de lado 1 y se mide la distancia del punto al lado más próximo. ¿Cuál es la probabilidad de que esa distancia esté comprendida entre $\frac{1}{5}$ y $\frac{1}{3}$?

A. $\frac{45}{225}$ B. $\frac{55}{225}$ C. $\frac{56}{225}$ D. $\frac{60}{225}$

Encuentra el error

71. Un fallo con historia.

Si se lanzan al aire dos monedas, ¿cuál es la probabilidad de que salga alguna cara?

El matemático francés Jean Le Rond d'Alembert (1717-1783) dijo que la probabilidad era $\frac{2}{3}$.

Razonó así:

- Si la primera moneda sale cara ya se cumple nuestro suceso.
- Si no es así los resultados pueden ser (X, C) o (X, X). En dos de los casos sale alguna cara y en el tercero no sale ninguna. Luego la probabilidad de salir alguna cara es $\frac{2}{3}$.

¿Estás de acuerdo con d'Alembert? Calcula la probabilidad de obtener "al menos una cara" al lanzar dos monedas. Encuentra el fallo, si lo hay, en el razonamiento de d'Alembert.

PROBLEMA RESUELTO La importancia de los análisis médicos y de las leyes del azar

Para detectar una determinada epidemia que ha afectado a un 4 % de la población se utiliza un análisis específico. Pero ningún análisis es infalible.

Este en concreto da falsos positivos (tener la enfermedad) en personas sanas en un 2 % de las ocasiones. Y, por el contrario, da falsos negativos (estar sano) en el 5 % de personas que sí tienen la enfermedad.

Luis sospecha que está enfermo y se ha realizado el análisis, que ha dado positivo. Está convencido de que tiene la enfermedad. ¿Puedes demostrarle que no es seguro que esté enfermo?

1. ¿Qué probabilidad tiene de que el análisis dé positivo?
2. Si el análisis ha dado positivo, ¿qué probabilidad hay de que esté realmente enfermo?

SOLUCIÓN

Se denominan a los sucesos así:

$+ =$ "Dar positivo" $\qquad S =$ "Estar sano"

$- =$ "Dar negativo" $\qquad \overline{S} =$ "Estar enfermo"

Las probabilidades son:

$P(S) = 0{,}96 \qquad P(+/S) = 0{,}02 \qquad P(-/S) = 0{,}98$

$P(\overline{S}) = 0{,}04 \qquad P(+/\overline{S}) = 0{,}95 \qquad P(-/\overline{S}) = 0{,}05$

1. Como no se sabe si Luis está enfermo o sano habrá que contemplar las dos posibilidades, es decir, que dé positivo estando sano y que dé positivo estando enfermo. Se aplica el teorema de la probabilidad total.

   $P(+) = P(S)\,P(+/S) + P(\overline{S})\,P(-/\overline{S}) = 0{,}96 \cdot 0{,}02 + 0{,}04 \cdot 0{,}95 = 0{,}0572$

   La probabilidad de dar positivo en el análisis es del 5,72 %.

2. El análisis ha dado positivo, es decir, se ha dado el suceso +. La probabilidad de que Luis esté enfermo es $P(\overline{S}/+)$ y para calcularla se aplica el teorema de Bayes:

   $$P(\overline{S}/+) = \frac{P(\overline{S} \cap +)}{P(+)} = \frac{P(\overline{S}) \cdot P(+/\overline{S})}{P(S) \cdot P(+/S) + P(\overline{S}) \cdot P(+/\overline{S})} = \frac{0{,}04 \cdot 0{,}95}{0{,}0572} = 0{,}6643$$

   Es decir, a pesar de la alta fiabilidad del análisis y de haber dado positivo en el análisis, Luis tiene aproximadamente un tercio de posibilidades de estar sano.

Un juego con trampa

Belén y Carlos han descubierto un nuevo juego:

- Se introducen tres fichas en un sombrero.
- Una de ellas tiene las dos caras blancas, otra las dos caras rojas y la tercera una blanca y otra roja.
- Uno de ellos extrae una ficha, mira solo una de sus caras y le muestra el color al otro jugador.

Carlos apuesta a que la ficha es la que tiene las dos caras iguales, y Belén, a que es la que tiene las caras diferentes.

Parece que los dos jugadores tienen las mismas posibilidades de acertar, ya que si la cara que se ha visto es roja la cara oculta o es roja también, en cuyo caso sería la ficha de dos caras rojas, o por el contrario, es blanca, y entonces la ficha extraída sería la blanca-roja.

1. ¿Tienen los dos jugadores las mismas probabilidades de ganar?
2. En caso contrario, ¿por cuál de las dos opciones apostarías? Calcula la probabilidad de ganar de cada jugador.

Una partida sin terminar. Reparto justo

Blaise Pascal (1623-1662) y **Pierre de Fermat** (1601-1665) son dos de los fundadores de la teoría de la probabilidad.

Se intercambiaron numerosas cartas planteándose problemas relacionados con el azar. Uno de ellos fue cómo habría que repartir las cantidades apostadas por dos jugadores si hubieran de interrumpir el juego antes del final y uno fuera ganando al otro.

En una carta escrita el 29 de julio de 1654 Pascal le remite a Fermat su forma de resolver el problema:

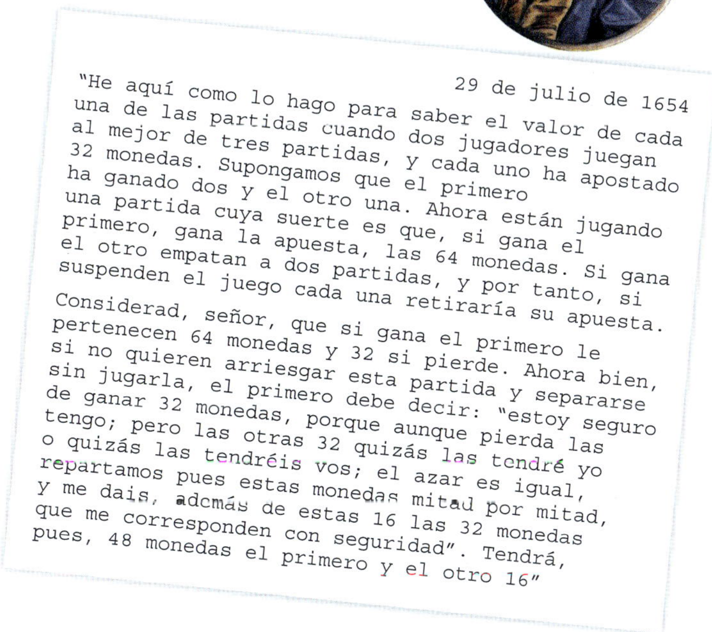

29 de julio de 1654

"He aquí como lo hago para saber el valor de cada una de las partidas cuando dos jugadores juegan al mejor de tres partidas, y cada uno ha apostado 32 monedas. Supongamos que el primero ha ganado dos y el otro una. Ahora están jugando una partida cuya suerte es que, si gana el primero, gana la apuesta, las 64 monedas. Si gana el otro empatan a dos partidas, y por tanto, si suspenden el juego cada una retiraría su apuesta.

Considerad, señor, que si gana el primero le pertenecen 64 monedas y 32 si pierde. Ahora bien, si no quieren arriesgar esta partida y separarse sin jugarla, el primero debe decir: "estoy seguro de ganar 32 monedas, porque aunque pierda las tengo; pero las otras 32 quizás las tendré yo o quizás las tendréis vos; el azar es igual, repartamos pues estas monedas mitad por mitad, y me dais, además de estas 16 las 32 monedas que me corresponden con seguridad". Tendrá, pues, 48 monedas el primero y el otro 16"

1. ¿Estás de acuerdo con la solución de Pascal?
2. ¿No sería más justo este razonamiento: "si han jugado tres partidas y uno ha ganado dos, y el otro, una, lo lógico es dividir las 64 monedas en tres partes y que el primero se lleve dos partes, y el otro, una. Es decir, al primero le corresponden $\frac{2}{3} \cdot 64 = 42,66$ y al otro $\frac{1}{3} \cdot 64 = 21,33$?
3. Haz un diagrama de árbol, suponiendo que los dos tiene la misma probabilidad de ganar una partida y saca tus propias conclusiones.

AUTOEVALUACIÓN

1. Se consideran dos sucesos A y B de un experimento aleatorio y se sabe que $P(A) = 0,7$; $P(B) = 0,4$ y $P(A \cap B) = 0,3$. Representa los sucesos A y B mediante un diagrama de Venn y calcula:

   a) $P(A \cup B)$ b) $P(\overline{B})$ c) $P(A \cup \overline{B})$

2. Los dados para rellenar quinielas son dados cúbicos con estas características:

   - Tres caras están marcadas con un 1 que representa la victoria local.
   - Dos caras con una X que representa el empate.
   - Una cara con un 2, que representa la victoria visitante.

   Calcula las probabilidades de que al lanzar el dado tres veces:

   a) Salgan 3 X.

   b) No salga ninguna X.

   c) Salga al menos una X.

3. Se elige un número al azar entre 1000 y 9999. Calcula las siguientes probabilidades.

   a) Que tenga alguna cifra repetida.

   b) Que tenga solo una cifra repetida dos veces.

4. Se extraen 4 cartas al azar de una baraja de 40 naipes. Calcula la probabilidad de que:

   a) Tres de las cuatro cartas tengan el mismo valor: tres cuatros, tres reyes...

   b) Las cuatro tengan distinto valor.

5. En un concurso de televisión, un concursante domina 5 de los 8 temas sobre los que le pueden preguntar. En la primera ronda, el presentador elige dos sobres al azar y le muestra los temas que contienen al concursante, para que elija uno de ellos.

   a) Halla la probabilidad de que el concursante pueda elegir uno de los temas que domina.

   b) Halla la probabilidad de que el presentador le muestre al concursante dos temas que conoce.

6. En una ciudad hay tres centros educativos A, B y C que presentan alumnos al examen de acceso a la universidad. El 50 % de los alumnos presentados son del centro A, el 35 %, del B, y el 15 %, del C. El centro A tiene un porcentaje de aprobados del 90 %, el B, del 88 %, y el C, del 96 %.

   a) ¿Cuál es el índice global de aprobados en la ciudad?

   b) Se ha elegido un estudiante al azar y ha suspendido, ¿cuál es la probabilidad de que sea alumno del centro A?

smSaviadigital.com VALORA LO APRENDIDO > Autoevaluación.

14 Estadística

- ¿Cómo seleccionas una muestra representativa de la población activa de un país?
- ¿Sabes representar los datos de un estudio estadístico?
- ¿Qué parámetros describen una distribución estadística?

Piensa y contesta

Las variables que se representan en los gráficos estadísticos son de lo más variado. Y no todas son numéricas.

Encuentra gráficos estadísticos en los que se representen características no cuantitativas.

Analiza y reflexiona

En la actualidad es difícil abrir una revista o un periódico y no encontrar un gráfico estadístico. Pero son un invento relativamente reciente en la historia de las matemáticas. Poco más de dos siglos.

- **¿En qué áreas de la vida cotidiana aparecen a menudo gráficos estadísticos? Piensa en una en la que no se utilicen.**
- **¿Por qué crees que se utilizan en disciplinas tan dispares?**

Lee y comprende

Las representaciones gráficas en la historia

Parece que fue el escocés William Playfair (1759-1823) quien tuvo la idea de representar con gráficos de diferentes tipos muchas tablas numéricas empíricas. W. Playfair no era un matemático; era un diseñador, un comerciante, un inventor… que cambiaba de actividad según su interés en cada momento. Pienso que una de sus aserciones puede describir a este tipo original.

Escribe: "Cada noche, cuando regreso a mi casa, pongo mis guineas una sobre otra teniendo así un pequeño cilindro. Al final de cada semana, observando estos cilindros, puedo decir a simple vista cuando he ganado más".

Un medio tan sencillo y útil como los histogramas ha sido inventado por un no matemático y, además, por un tipo que no tenía ningún escrúpulo académico. A William Playfair se deben también otras representaciones gráficas, como diagramas con áreas, histogramas, gráficos de sectores y gráficos de líneas.

[…] La actividad matemática de W. Playfair ha sido descubierta muy recientemente; su nombre no se encuentra ni siquiera en las grandes enciclopedias.

EMMA CASTELNUOVO
Conferencia inaugural de las VII JAEM
Actas. SMPM. "Emma Castelnuovo".
1995

Y tú, ¿qué opinas?

William Playfair creó distintas representaciones gráficas y sin embargo, "su nombre no se encuentra ni siquiera en las grandes enciclopedias". ¿Crees que es justo que se le reconozca por este hecho?

¿Por qué motivos crees que es justo que se valore o reconozca a una persona?

¿Cuándo guardan alguna relación dos características de una población?

1 Conceptos elementales de estadística. Muestreo

La **Estadística** es la rama de las matemáticas que permite analizar propiedades, estudiar caracteres o hacer previsiones sobre una población sin tener que observar a todos los individuos, sino solo a unos pocos.

La **población** es el conjunto formado por todos los individuos sobre los que se realiza un estudio estadístico.

Una **muestra estadística** es el subconjunto de la población sobre la que se hace el estudio.

Para que el estudio sea válido la muestra debe reflejar las características de la población, es decir, debe ser **una muestra representativa**. Se puede elegir de dos formas:

- **Muestreo aleatorio:** los elementos de la muestra se eligen al azar mediante un proceso aleatorio.
- **Muestreo aleatorio estratificado:** se divide a la población por estratos o partes según el carácter a estudiar. La proporción de elementos de cada estrato en la muestra debe coincidir con la proporción del estrato en la población.

Ejemplo ▸ Una multinacional textil quiere estudiar las tallas usadas por sus potenciales clientes. Sabe que el 80 % son hombres y la cuarta parte son menores de 30 años. Las clientes femeninas menores de 30 años son el 60 % del total. Van a tomar una muestra aleatoria estratificada de mil clientes, formada por:

	Total	< 30 años	> 30 años
Hombres	800	200	600
Mujeres	200	120	80

¿Es representativa esta muestra?

Es representativa porque los individuos que forman la muestra están en la misma proporción que en la población.

Las características que se pueden analizar en un estudio estadístico son muy diversas.

Variable estadística es la característica o propiedad objeto del estudio. Puede ser:

- **Cualitativa**: Si no se puede expresar mediante una cantidad o un número.
- **Cuantitativa**: Si se expresa mediante un número. Según los valores numéricos que puede tomar se clasifican en:
  - **Discreta**: solo toma valores aislados.
  - **Continua**: puede tomar todos los valores de un intervalo.

Ten en cuenta

Las fases de un estudio estadístico son:

- **Selección** de la **muestra**.
- **Obtención** de los **datos**.
- **Análisis** y **tratamiento** de los datos.
- Elaboración de **conclusiones**.

Para facilitar el análisis de los datos se utilizan la **hoja de cálculo** o la **calculadora**.

Ejemplo ▸ Clasifica las características sobre las que se ha preguntado en un estudio estadístico: Edad, Altura, Peso, N.º de hermanos, Nacionalidad, Asignatura optativa.

Variables estadísticas
- **Cualitativas:** Nacionalidad y Asignatura optativa
- Cuantitativas
  - **Discretas:** Edad y N.º de hermanos
  - **Continuas:** Altura y Peso

La obtención de los **datos** puede ser:

- **Directa**, si se obtienen midiendo, observando o preguntando a los individuos. En este caso se realiza una **encuesta** cuyo elemento básico es el **cuestionario**.
- **Indirecta**, mediante datos obtenidos de fuentes diversas: bases de datos, prensa, instituciones…

Tablas de frecuencias

Para organizar los datos recogidos en el estudio estadístico, se realiza el recuento y se construye la **tabla de frecuencias**.

En una **tabla de frecuencias**, se representan los valores que toma la variable estadística, x_i, con $1 \le i \le n$ y las frecuencias asociadas:

- **Frecuencia absoluta, f_i**: es el número de veces que aparece el valor x_i en el recuento. La suma de las frecuencias absolutas es igual al número de datos. $\sum_{i=1}^{n} f_i = N$
- **Frecuencia relativa, h_i**: es el cociente entre la frecuencia absoluta f_i y el número total de datos, N. $h_i = \frac{f_i}{N}$
- **Frecuencia absoluta acumulada F_i**: es la suma de las frecuencias absolutas de los valores menores o iguales a x_i. $F_i = \sum_{j \le i} f_j$
- **Frecuencia relativa acumulada H_i**: es la suma de las frecuencias relativas de los valores menores o iguales a x_i. $H_i = \frac{F_i}{N} = \sum_{j \le i} h_j$

Ten en cuenta

El símbolo Σ se utiliza para representar de forma abreviada una suma:

$$f_1 + f_2 + f_3 + \ldots + f_n = \sum_{i=1}^{n} f_i$$

Ejemplo ▶ Las notas de matemáticas sobre 5 de los 32 alumnos de una clase son:

4, 2, 3, 1, 5, 4, 3, 1, 2, 4, 4, 2, 1, 2, 5, 2, 4, 2, 4, 4, 5, 4, 3, 3, 2, 3, 4, 4, 3, 3, 4, 5

Si el aprobado es una nota igual o superior a 3, ¿cuántos alumnos han suspendido?

x_i	f_i	h_i	F_i	H_i	$H_i(\%)$
1	3	0,094	3	0,094	9,4
2	7	0,219	3 + 7 = 10	0,313	31,3
3	7	0,219	3 + 7 + 7 = 17	0,532	53,2
4	11	0,343	28	0,875	87,5
5	4	0,125	32	1	100
	$N = 32$	1			

El número de suspensos coincide con la frecuencia acumulada de 2, es decir, 10 alumnos que son el 31,3 % de la clase.

Ten en cuenta

- La suma de las frecuencias relativas h_i es siempre 1.
- La frecuencia relativa acumulada se suele dar en porcentaje para facilitar la presentación de los datos.
- La frecuencia acumulada del dato mayor coincide con el número total de datos (absoluta) o con el 100 % (relativa).

Si la variable estadística es continua o es discreta con un gran número de datos, se agrupan los datos en intervalos y se selecciona el valor medio del intervalo como representativo de todos los valores del mismo intervalo. Se denomina **marca de clase**.

ACTIVIDADES

1. Unos grandes almacenes quieren hacer un estudio sobre el grado de satisfacción de sus clientes. Para ello, seleccionan al azar, entre ellos, a 100 que han gastado menos de 1000 € el último año, otros 100 entre los que han gastado entre 1000 € y 5000 € y otros 100 entre los que han gastado más de 5000 €. ¿Es representativa la muestra?

2. Clasifica las siguientes variables estadísticas:

a) Número de goles en una jornada de la liga.

b) Cotización en bolsa de una empresa en una semana.

c) Profesiones con menor índice de paro.

d) Causas de mortalidad en una población.

3. Los resultados de una encuesta a 40 jóvenes sobre el número de horas que utilizan una consola el fin de semana son:

4	2	3	7	6	4	3	7	6	8
3	4	3	5	3	2	1	0	5	4
3	7	8	0	1	6	4	5	7	6
1	4	3	7	5	4	3	1	0	3

a) ¿De qué tipo es la variable estadística?

b) Haz una tabla de frecuencias indicando la frecuencia absoluta, relativa, y las frecuencias acumuladas de cada dato.

c) ¿Qué porcentaje utiliza la consola menos de 3 horas? ¿Y más de 6?

2 Gráficos estadísticos

Los **gráficos estadísticos** permiten organizar la información de un estudio estadístico de forma visual. El tipo de gráfico a utilizar depende del tipo de variable estadística y de las características del estudio.

Diagrama de barras y polígono de frecuencias

En un **diagrama de barras** cada valor se representa con una barra cuya altura es proporcional a su frecuencia.

Si se marcan los puntos medios de los extremos superiores de las barras y se unen mediante rectas se obtiene el **polígono de frecuencias**.

Se utiliza para variables cualitativas o cuantitativas discretas.

MAT-TIC GeoGebra

Entra en smSaviadigital.com y construye diagramas de barras con distintos datos.

Ejemplo ▸ Representa el diagrama de barras y el polígono de frecuencias de la siguiente tabla de frecuencias:

x_i	f_i	h_i	F_i	H_i
1	2	0,1	2	0,1
2	5	0,25	7	0,35
3	7	0,35	14	0,7
4	6	0,3	20	1
	$N = 20$	1		

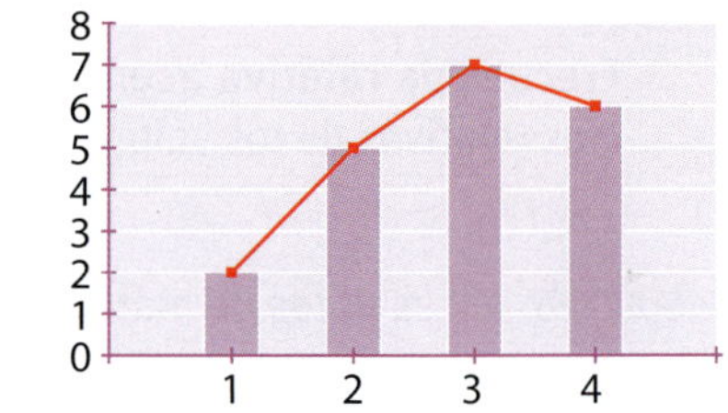

También se pueden representar las frecuencias acumuladas mediante diagramas de barras y polígonos de frecuencias.

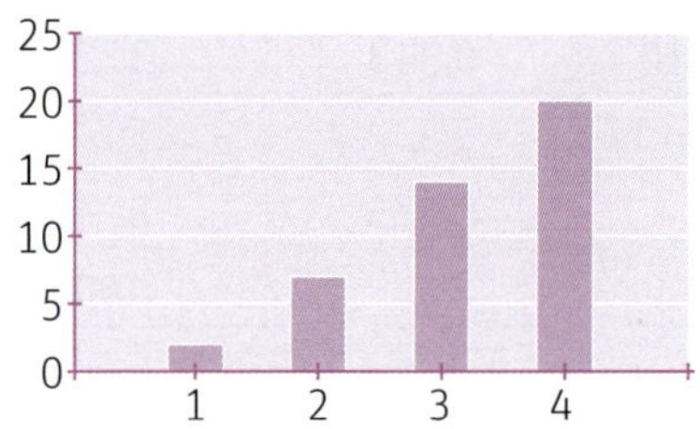

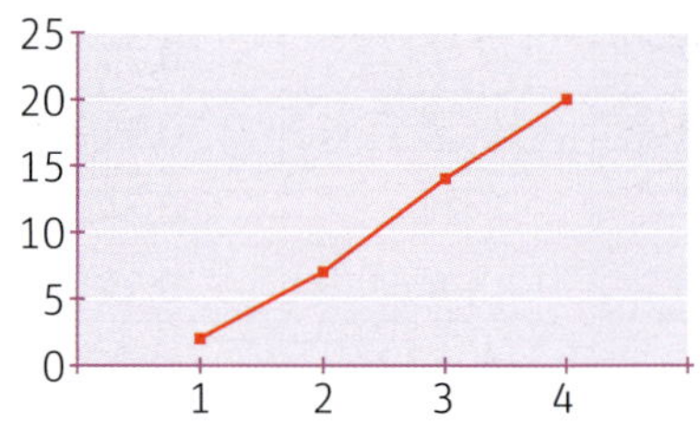

Sabías que...

El polígono de frecuencias acumuladas se denomina **ojiva**.

Diagrama de sectores

En un **diagrama de sectores** cada valor de la variable se representa por un sector cuya amplitud es proporcional a su frecuencia.

$$\textbf{Amplitud del sector (°)} = \frac{f_i}{N} \cdot 360° = h_i \cdot 360°$$

Se utiliza para variables cualitativas o cuantitativas discretas con pocos valores.

MAT-TIC GeoGebra

Entra en smSaviadigital.com y practica construyendo diagramas de sectores.

Ejemplo ▸ Representa mediante un diagrama de sectores la distribución de los 822 alumnos de secundaria de un centro.

Curso	Alumnos	Amplitud
1.º ESO	242	$\frac{242}{822} \cdot 360° = 106°$
2.º ESO	230	100,72°
3.º ESO	185	81,02°
4.º ESO	165	72,26°

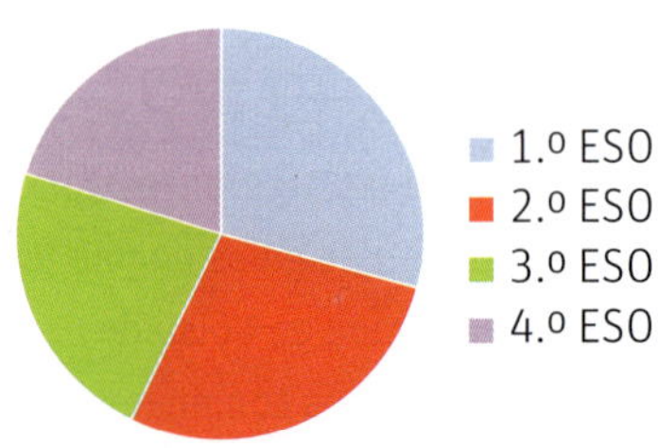

Diagramas lineales

> En los **diagramas lineales** cada valor se representa mediante un punto cuya ordenada es proporcional a su frecuencia y se unen los puntos mediante segmentos.
>
> Sirven para ver la evolución de una o varias variables estadísticas en distintas fases.

Ejemplo ▸ El gráfico muestra la evolución de las notas de un alumno a lo largo de un curso en tres asignaturas:

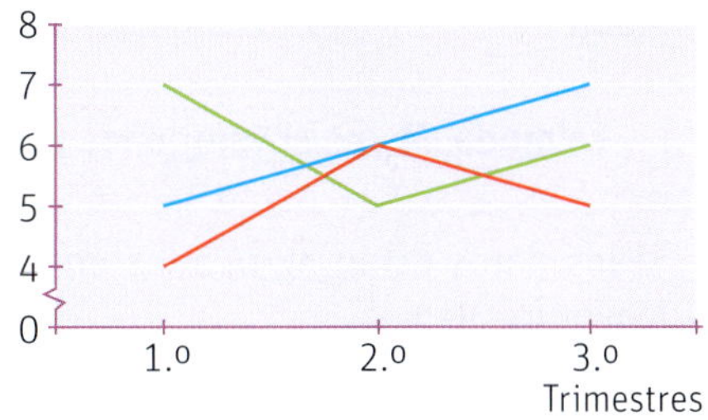

Histogramas

Cuando los datos se agrupan en intervalos, el gráfico que se utiliza es el **histograma**.

> En un **histograma** cada intervalo está representado por un rectángulo cuya base tiene la longitud del intervalo correspondiente y cuya altura es proporcional a su frecuencia, si todos los intervalos tienen la misma amplitud.
> Si se unen las marcas de clase de cada intervalo se obtiene el **polígono de frecuencias**.

Ejemplo ▸ Representa mediante un histograma los datos de un control de velocidad en una avenida de una ciudad.

Velocidad (km/h)	Marca de clase, x_i	f_i
[0, 20)	10	7
[20, 40)	30	10
[40, 60)	50	13
[60, 80)	70	12
[80, 100)	90	8
		$N = 50$

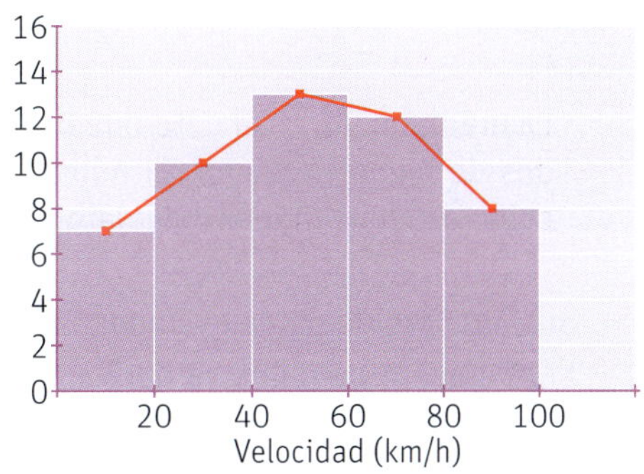

Sabías que...

Las pirámides de población son histogramas dobles.

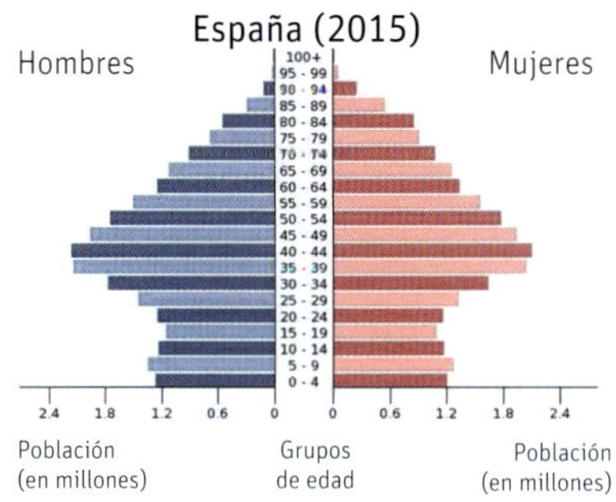

MAT-TIC GeoGebra

Entra en smSaviadigital.com y prepara histogramas.

ACTIVIDADES

4. El número de alumnos, en miles, matriculados en enseñanzas no universitarias en España en el curso 2015/2016 fue:

E. Infantil	1798
E. Primaria	2918
E.S.O.	1865
Bachillerato	698
F. Profesional	784

a) Construye el diagrama de barras de la distribución escolar y el polígono de frecuencias acumuladas.

b) Si los datos en 2012/2013 fueron respectivamente 1900, 2827, 1806, 692 y 663, haz un diagrama lineal con los datos de ambos cursos y comenta la evolución.

5. En una fábrica de bombillas se estudia la duración de un tipo de bombilla. Se ha tomado una muestra de 200 lámparas con los siguientes resultados:

Vida en horas	N.º de bombillas
[100,300)	10
[300,500)	65
[500,700)	75
[700,900)	35
[900,1100)	15

Dibuja el polígono de frecuencias acumuladas en porcentaje. ¿Cuál es el porcentaje de bombillas que dura más de 800 horas?

3 Medidas de centralización y posición

Con calculadora

Para realizar cálculos estadísticos con la calculadora, se elige el modo estadístico para una variable:

MODE MODE SD

Se introducen los valores de la variable:

x_1 M+, x_2 M+, ...

Para calcular la media:

SHIFT S-VAR $\bar{x}$

Las tablas y los gráficos proporcionan una visión global de los datos de una distribución estadística, pero si la variable es cuantitativa es conveniente resumir el estudio mediante unos pocos valores que reflejen sus propiedades generales. Estos valores son los **parámetros estadísticos**: de **centralización**, de **posición** y de **dispersión**.

Las medidas de centralización son **moda**, **media** y **mediana** y las de posición, **cuartiles**, **deciles**, **percentiles**...

- Moda

La **moda**, M_o, es el valor o los valores de la variable que tienen mayor frecuencia.

Si los datos están agrupados en intervalos, el **intervalo modal** es el que presenta mayor frecuencia.

- Media

La **media**, $\bar{x}$, de una distribución es el resultado de dividir la suma de los valores de todos los datos entre el número total de datos.

$$\bar{x} = \frac{x_1 + x_2 + ... + x_n}{N} = \frac{\sum x_i}{N}$$

– Si los datos vienen dados en una tabla de frecuencias absolutas, la media es:

$$\bar{x} = \frac{x_1 f_1 + x_2 f_2 + ... + x_n f_n}{N} = \frac{\sum x_i f_i}{N} = \sum x_i h_i$$

– Si los datos están agrupados por intervalos se toman como valores de la variable x_i, las **marcas de clase** de los intervalos.

- Mediana

La **mediana**, M, es el dato que ocupa el centro de los datos cuando están ordenados de menor a mayor. El número de datos que hay por debajo de la mediana coincide con el número de datos que hay por encima.

– Si el número de datos es impar, la mediana es el dato que ocupa la posición central.
– Si el número de datos es par, la mediana es la media aritmética de los dos valores centrales.

Si los datos están agrupados en intervalos, el **intervalo mediano** es el que contiene a la mediana.

smSaviadigital.com

AMPLIA Cuando los datos están agrupados en intervalos el cálculo de la mediana se realiza utilizando el método de **interpolación**.

Ejemplo ▸ Calcula la moda, la media y la mediana del estudio que se ha realizado a los 30 empleados de una empresa sobre el número de horas semanales que dedican a practicar algún deporte. Los datos recogidos han sido:

Horas	0	1	2	3	4	5
Empleados	3	7	12	5	2	1

- La moda es el valor más frecuente: $M_o = 2$ horas.
- La media es:

$$\bar{x} = \frac{0 \cdot 3 + 1 \cdot 7 + 2 \cdot 12 + 3 \cdot 5 + 4 \cdot 2 + 5 \cdot 1}{30} = \frac{59}{30} = 1{,}97$$

- Para calcular la mediana, se ordenan los valores y se dividen en dos partes iguales:

0 0 0 1 1 1 1 1 1 1 2 2 2 2 2 **|** 2 2 2 2 2 2 2 3 3 3 3 3 4 4 5

La mediana dejará 15 datos por abajo y 15 por arriba. Es la media entre los valores que ocupan las posiciones 15 y 16: $M = 2$ horas.

- Cuartiles

Si se dividen los datos ordenados del estudio estadístico en cuatro partes iguales se obtienen los **cuartiles**.

- El **primer cuartil**, Q_1, es el dato que es mayor que el 25 % de los datos.
- El **segundo cuartil**, Q_2, es el dato que es mayor que el 50 % de los datos, es la mediana.
- El **tercer cuartil**, Q_3, es el dato que es mayor que el 75 % de los datos.

MAT-TIC GeoGebra

Entra en smSaviadigital.com y calcula medias, medianas y cuartiles.

Si se divide el conjunto de datos ordenados en 10 partes iguales, los valores que separan cada una de las partes se llaman **deciles**, D_i.

Si se divide en 100 partes, las divisiones se llaman **percentiles**, P_i. Se suelen utilizar en estudios de características antropométricas: peso, estatura, *CI*...

Ejemplo ▸ Calcula los cuartiles en el estudio sobre los hábitos deportivos de los empleados de una empresa.

Para calcular los cuartiles se dividen los datos en cuatro partes iguales.

0 0 0 1 1 1 1 | 1 1 1 2 2 2 2 2 | 2 2 2 2 2 2 2 | 3 3 3 3 3 4 4 5

- El 25 % de 30 es 7,5. El primer cuartil es el valor del término octavo, $Q_1 = x_8 = 1$.
- El 50 % de 30 es 15. El segundo cuartil es la mediana, $Q_2 = M = 2$.
- El 75 % de 30 es 22,5. El tercer cuartil es el valor del dato que ocupa el lugar 23, $Q_3 = x_{23} = 3$.

ACTIVIDADES

ACTIVIDAD **RESUELTA**

6. **En una gasolinera han estudiado los litros de combustible que los clientes han comprado en un día.**

Litros	[0,20)	[20,40)	[40,60)	[60,80)
Clientes	76	154	310	60

Calcula la mediana y los cuartiles.

Se utiliza el gráfico de frecuencias acumuladas para obtener los parámetros. Se completa la tabla de frecuencias acumuladas:

Extremos	20	40	60	80
F_i	76	230	540	600
H_i %	12,67	38,33	90	100

Desde los valores 25 %, 50 % y 75 % del eje *Y* se trazan rectas horizontales hasta que corten a la gráfica. Las abscisas de esos puntos son la mediana y los cuartiles.

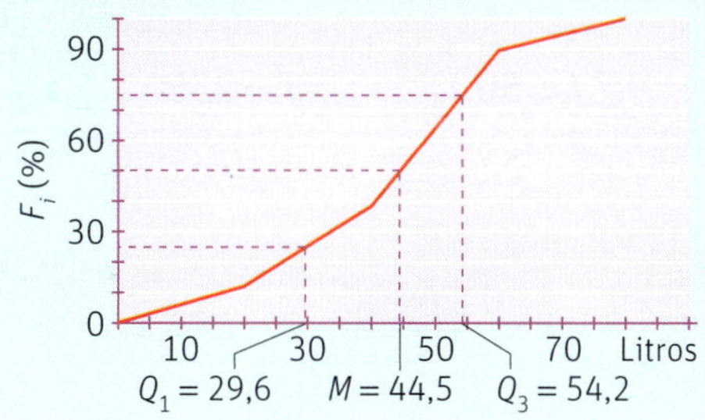

7. La edad de los 50 socios de un club deportivo juvenil viene dada por la tabla:

Edad	16	17	18	19	20	21
N.º	5	8	10	12	9	6

Halla la moda, la media y la mediana y los cuartiles.

8. La evaluación de un test realizado a los 215 trabajadores de una empresa ha sido:

Nota	1	2	3	4	5	6	7	8	9	10
N.º Trab.	9	7	8	34	40	37	50	13	10	7

a) Completa la tabla de frecuencias y representa la distribución con un diagrama de barras.

b) Calcula la moda, la media, la mediana y los cuartiles.

c) Deberán hacer un curso de formación los trabajadores por debajo del tercer decil. ¿Cuántos son?

9. En un saco de patatas, su masa se distribuye de la forma:

Peso (g)	Patatas
[0, 100)	3
[100, 200)	32
[200, 300)	54
[300, 400)	41
[400, 500]	20

a) Dibuja el gráfico de frecuencias acumuladas en porcentaje.

b) Halla la mediana y los cuartiles.

c) ¿Qué número aproximado de patatas pesarán menos de 230 g?

4 Medidas de dispersión. Interpretación conjunta de la media y la desviación típica

Además de conocer el centro, es conveniente conocer la distribución de los datos respecto a los valores centrales. Para ello, hay que estudiar las **medidas de dispersión: recorrido, varianza, desviación típica...**

Recorrido

El **recorrido** o **rango** es la diferencia entre el mayor y el menor de los valores que toma la variable.

Si los datos están agrupados en intervalos el recorrido es la diferencia entre el extremo superior del intervalo mayor y el extremo inferior del menor.

Se puede calcular entre qué valores se sitúan la mitad central de los datos.

El **recorrido intercuartílico** es la diferencia entre el tercer cuartil, $\boldsymbol{Q_3}$, y el primer cuartil $\boldsymbol{Q_1}$. $\boldsymbol{R_I = Q_3 - Q_1}$.

Ten en cuenta

En un **diagrama de caja y bigotes**:

- Los extremos indican el recorrido.
- El rectángulo, el recorrido intercuartílico.
- La barra central es la mediana.

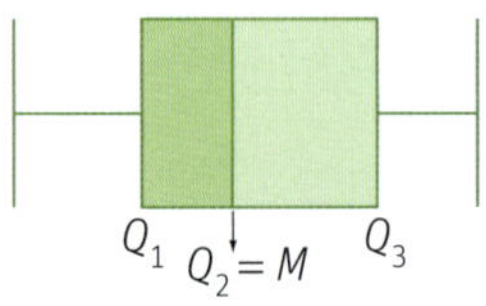

Varianza y desviación típica

Se puede medir la dispersión como la desviación de cada dato respecto de la media, $x_i - \bar{x}$. Pero la suma de las desviaciones siempre es 0, ya que las negativas compensan a las positivas, por eso se utilizan sus cuadrados. Como la medida así calculada no tiene las mismas unidades que la variable, se toma su raíz cuadrada.

- La **varianza**, $\boldsymbol{s^2}$, es la media de los cuadrados de las desviaciones de los datos respecto de la media de la distribución:

$$s^2 = \frac{(x_1-\bar{x})^2 f_1 + (x_2-\bar{x})^2 f_2 + (x_3-\bar{x})^2 f_3 + \ldots + (x_n-\bar{x})^2 f_n}{N} = \frac{\sum (x_i-\bar{x})^2 f_i}{N} = \frac{\sum x_i^2 f_i}{N} - \bar{x}^2$$

- La **desviación típica**, $\boldsymbol{s}$, es la raíz cuadrada positiva de la varianza:

$$s = \sqrt{\frac{(x_1-\bar{x})^2 f_1 + (x_2-\bar{x})^2 f_2 + \ldots + (x_n-\bar{x})^2 f_n}{N}} = \sqrt{\frac{\sum (x_i-\bar{x})^2 f_n}{N}} = \sqrt{\frac{\sum x_i^2 f_i}{N} - \bar{x}^2}$$

Ejemplo ▸ Calcula el rango, la varianza y la desviación típica de la edad de los profesores de un centro recogidas en la siguiente tabla:

Edad	[25-35)	[35-45)	[45-55)	[55-65)
f_i	6	14	18	12

Se completa la tabla para facilitar los cálculos:

Edad	x_i	f_i	$x_i \cdot f_i$	$x_i^2 \cdot f_i$
[25-35)	30	6	180	5400
[35-45)	40	14	560	22400
[45-55)	50	18	900	45000
[55-65)	60	12	720	43200
		$\sum f_i = 50$	$\sum x_i f_i = 2360$	$\sum x_i^2 f_i = 116000$

- El recorrido es 65 − 25 = 40.
- Se calcula la media para obtener la varianza:

$$\bar{x} = \frac{\sum x_i f_i}{N} = \frac{2360}{50} = 47{,}2 \Rightarrow s^2 = \frac{\sum x_i^2 f_i}{N} - \bar{x}^2 = \frac{116000}{50} - 2227{,}84 = 92{,}16$$

- Por tanto, la desviación típica es $s = \sqrt{s^2} = \sqrt{92{,}16} = 9{,}6$ años.

MAT-TIC GeoGebra

Entra en **smSavia**digital.com y practica con las medidas de centralización y de dispersión realizando diagramas de cajas.

Con calculadora

Se introducen los valores en el modo estadístico de la calculadora y, para calcular la desviación típica, se escribe:

SHIFT S-VAR s_x

Coeficiente de variación

Para comparar la **dispersión relativa** de varias distribuciones se relaciona la desviación típica con la media correspondiente de cada distribución.

El **coeficiente de variación** de una distribución estadística es el cociente entre la desviación típica y la media aritmética:

$$CV = \frac{s}{\overline{x}}$$

El resultado se suele expresar en forma de porcentaje y cuanto menor es, más **representativa de la distribución** es la media.

Ejemplo ▸ La media de la edad de los profesores en otro centro es $\overline{x} = 35{,}9$ años y la desviación típica es $s = 13{,}7$ años. ¿En qué centro es más representativa la media?

Se calculan coeficientes de variación en los dos centros:

$$CV_1 = \frac{9{,}6}{47{,}2} = 0{,}2033 \rightarrow 20\ \% \qquad CV_2 = \frac{13{,}7}{35{,}9} = 0{,}3816 \rightarrow 38{,}16\ \%$$

Como 20 % < 38 %, la media es más representativa en el primer centro.

smSaviadigital.com

PRACTICA Calcula parámetros estadísticos y comprueba cómo de significativa es la media.

Interpretación conjunta de la media y la desviación típica

Se puede resumir toda la información de cualquier distribución estadística con solo **dos números**: la **media**, $\overline{x}$, y la **desviación típica**, s. La media indica el centro y la desviación típica el grado de dispersión de los datos.

Muchas distribuciones estadísticas se ajustan a un modelo conocido como **distribución normal**. Es una distribución simétrica y con una sola moda.

Si el número de datos es lo suficientemente grande y la distribución es simétrica, con una sola moda y se aproxima a la **distribución normal**:

- Aproximadamente el 68 % de los datos están entre $\overline{x} - s$ y $\overline{x} + s$.
- El 95 % de los datos están entre $\overline{x} - 2s$ y $\overline{x} + 2s$.
- El 99 % de los datos están entre $\overline{x} - 3s$ y $\overline{x} + 3s$.

MAT-TIC GeoGebra

Entra en smSaviadigital.com y aprende a hacer estudios estadísticos globales con GeoGebra.

ACTIVIDADES

10. El número de libros solicitados por los usuarios de una biblioteca ha sido:

Libros	1	2	3	4	5	6
Usuarios	8	12	9	6	3	2

a) Calcula el recorrido y el recorrido intercuartílico.

b) Halla la varianza y la desviación típica.

11. Las notas de 10 alumnos en una prueba han sido:

6, 5, 3, 6, 3, 7, 5, 8, 5, 4

a) Halla el recorrido y el recorrido intercuartílico.

b) Calcula la desviación típica y el coeficiente de variación.

c) El profesor decide puntuar sobre 20 puntos y para ello multiplica las notas por 2. ¿Qué les ocurre a los parámetros estadísticos? ¿En qué caso hay mayor dispersión relativa?

12. Se han realizado dos pruebas *A* y *B* de 120 preguntas tipo test cada una. ¿En cuál es más representativa la media?

- En la prueba *A* la media de respuestas correctas ha sido 72, y la desviación típica, 15.
- En la prueba *B* la media ha sido 58, y la desviación típica, 13.

13. Para medir la eficacia de un abono se ha medido el crecimiento de 200 plantas en un mes:

Altura (cm)	[0, 10)	[10, 20)	[20, 30)	[30, 40)
N.º plantas	40	65	60	35

a) Halla la media, el recorrido, la desviación típica y el coeficiente de variación.

b) ¿Entre que valores se encuentra el 68 % de los datos? ¿Y el 95 %?

5 Distribuciones bidimensionales

Los estudios estadísticos pueden analizar más de una característica de los individuos de una población.

En una **distribución bidimensional** a cada individuo de una población se le asignan dos valores, uno de cada variable o característica.

Una **variable estadística bidimensional**, **(X, Y)**, representa los pares de valores asociados a cada individuo.

Ejemplo ▸ Las notas de 8 alumnos en un examen de Lengua y otro de Matemáticas han sido:

Alumno	1	2	3	4	5	6	7	8
Lengua	2	4	4	5	5	6	7	8
Matemáticas	3	5	4	4	7	7	5	9

Si X es la nota de Lengua e Y es la nota de Matemáticas, la variable bidimensional (X, Y) toma los valores asociados a cada alumno: $(x_i, y_i) = \{(2, 3), (4, 5), (4, 4),..., (8, 9)\}$.

Si se interpreta el par de valores de cada individuo como las coordenadas de un punto y se representa en el plano, se obtiene un gráfico que se denomina diagrama de dispersión o nube de puntos.

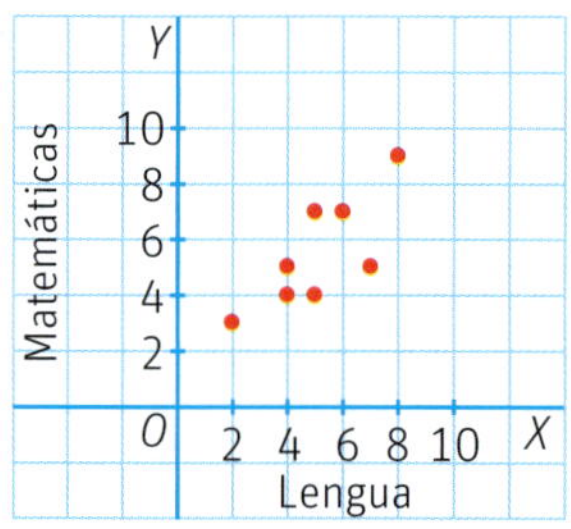

MAT-TIC GeoGebra

Entra en smSaviadigital.com y representa nubes de puntos.

Correlación lineal

La forma de la nube de puntos permite establecer de forma intuitiva la relación entre las dos variables.

- Si los puntos se ajustan a la gráfica de una función hay **dependencia funcional** entre las variables.
- Si los puntos no se ajustan exactamente pero están colocados alrededor de la gráfica de una función hay una **correlación o dependencia aleatoria**.

Se dice que hay **correlación lineal** entre las variables, si los puntos se distribuyen en torno a una línea recta. Si la pendiente de la recta es positiva la **correlación es directa** y si es negativa la **correlación es inversa**.

Ten en cuenta

Puede haber correlación no lineal, como en la siguiente distribución.

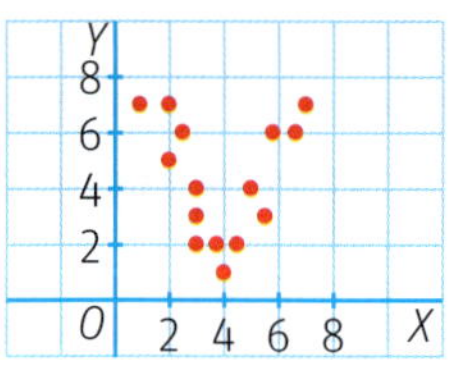

Observando la forma de la nube de puntos, se puede deducir si la **correlación es fuerte** o **débil**.

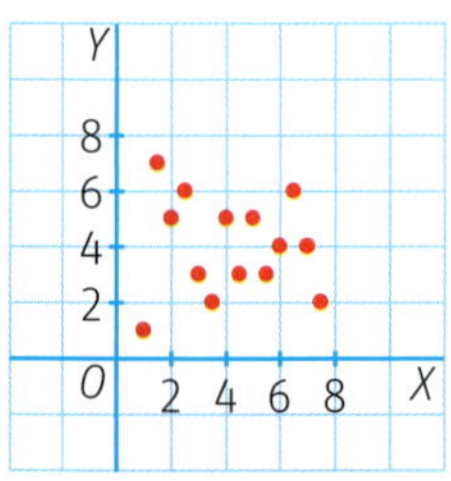

Correlación débil

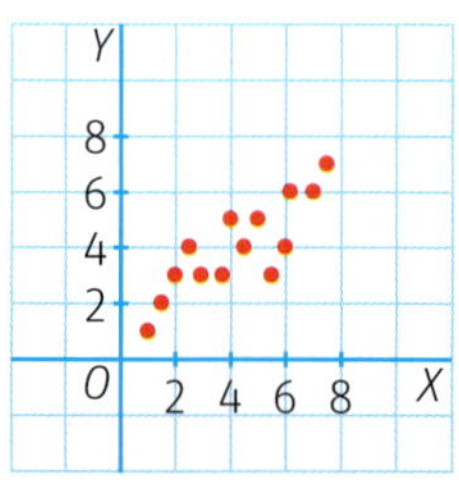

Correlación fuerte directa

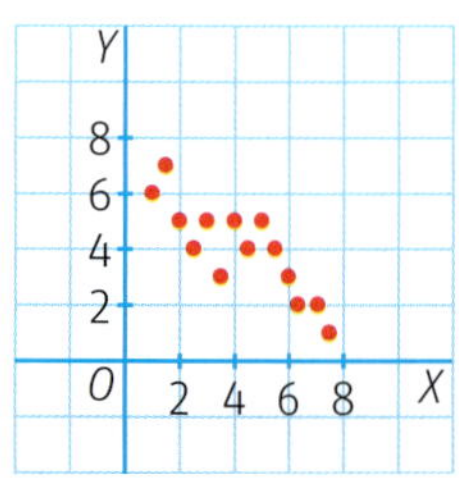

Correlación fuerte inversa

Tablas de contingencia

Si el número de datos es grande y los pares de valores se repiten se utiliza una **tabla de contingencia**.

X \ Y	y_1	y_2	...	y_m	Suma
x_1	f_{11}	f_{12}	...	f_{1m}	$f_{1\cdot}$
x_2	f_{21}	f_{22}	...	f_{2m}	$f_{2\cdot}$
...	...	...	...	...	...
x_n	f_{n1}	f_{n2}	...	f_{nm}	$f_{n\cdot}$
Suma	$f_{\cdot 1}$	$f_{\cdot 2}$	...	$f_{\cdot m}$	N

- $x_1, x_2, ..., x_n$ son los valores de la variable X.
- $y_1, y_2, ..., y_m$ son los valores de la variable Y.
- f_{11} es la frecuencia del valor (x_1, y_1). En general f_{ij} es la frecuencia correspondiente al valor (x_i, y_j).
- $f_{1\cdot}$ es la suma de las frecuencias correspondientes a x_1. $f_{\cdot 1}$ es la suma de las frecuencias correspondientes a y_1.

Ejemplo ▸ Un grupo de alumnos realiza dos tests, X e Y, con 4 preguntas cada uno. Los errores en las respuestas se recogen en la tabla, donde cada casilla recoge el número de individuos que han tenido esos dos errores. ¿Qué número de alumnos han fallado la primera pregunta del primer test (X)? ¿Y la tercera del segundo test (Y)?

Se suman las filas de cada valor de X y las columnas de cada valor de Y:

X \ Y	1	2	3	4	Suma X
1	12	6	4	2	12 + 6 + 4 + 2 = **24**
2	8	7	3	0	8 + 7 + 3 + 0 = **18**
3	6	5	2	1	6 + ... + 1 = **14**
4	4	3	1	0	**8**
Suma Y	**30**	**21**	**10**	**3**	**64**

Los alumnos que han fallado la primera pregunta del primer test han sido 24 y los que han fallado la tercera del segundo test han sido 10.

ACTIVIDADES

ACTIVIDAD **RESUELTA**

14. Diez amigos hacen una competición que consiste en escribir un texto y mirar el tiempo empleado en minutos y los errores cometidos.

t (X)	2	7	8	8	9	10	11	12	14
E (Y)	24	16	12	15	18	14	14	8	2

Dibuja la nube de puntos e indica qué tipo de correlación existe entre el tiempo y los errores cometidos.

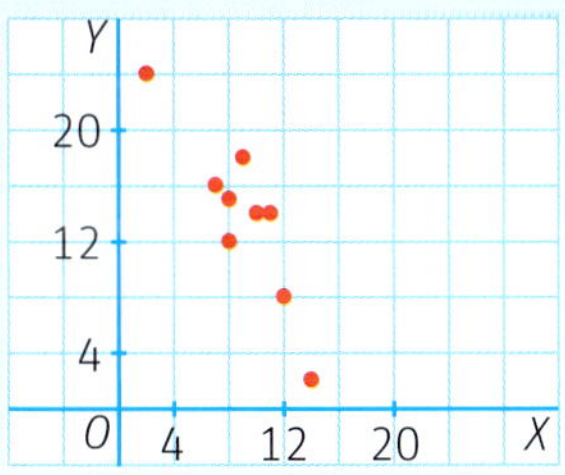

Como los puntos se ajustan bien a una recta de pendiente negativa, la correlación es fuerte e inversa.

15. Dada la siguiente distribución bidimensional.

X	2	3	5	6	8	9	10
Y	4	3	6	5	5	6	8

Representa la nube de puntos e indica el tipo de correlación entre las variables.

16. Las puntuaciones obtenidas por 40 personas en dos test que miden la comprensión lectora (X) y el cálculo numérico (Y) han sido:

X \ Y	20	30	40	50
20	3	4	2	1
30	5	2	2	1
40	1	3	4	2
50	0	1	3	6

a) ¿Cuántas personas han obtenido 30 puntos en comprensión lectora? ¿Y 50 puntos en cálculo numérico?

b) ¿Hay correlación entre ambas habilidades?

6 Covarianza y coeficiente de correlación lineal

La correlación entre las dos variables de una distribución bidimensional se puede cuantificar estudiando la relación entre los puntos del **diagrama de dispersión y el centro de gravedad**.

Centro de gravedad

Ten en cuenta

El **centro de gravedad** no tiene por qué coincidir con uno de los puntos de la nube.

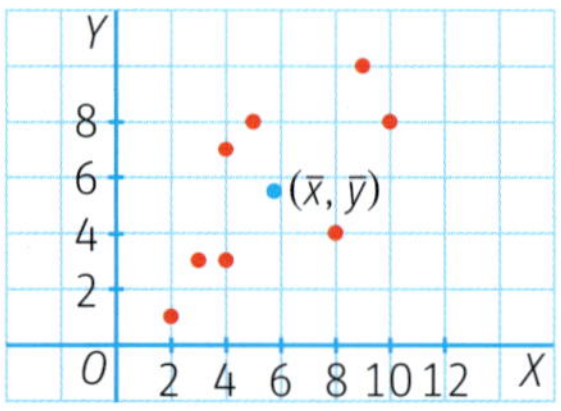

El **centro de gravedad** $(\bar{x}, \bar{y})$ es el punto cuyas coordenadas son las medias aritméticas de cada una de las variables:

$$\bar{x} = \frac{\sum x_i}{N} \quad \text{e} \quad \bar{y} = \frac{\sum y_j}{N}$$, donde N es el número de puntos.

Ejemplo ▸ La tabla muestra las notas de Matemáticas y de Física de 5 alumnos seleccionados al azar de 4.º ESO. Calcula el centro de gravedad.

Alumno	1	2	3	4	5
Matemáticas (X)	3	4	5	8	10
Física (Y)	3	3	7	4	8

Se calcula la media de la variable X y la variable Y.

$$\bar{x} = \frac{\sum x_i}{N} = \frac{3+4+5+8+10}{5} = \frac{30}{5} = 6 \qquad \bar{y} = \frac{\sum y_j}{N} = \frac{3+3+7+4+8}{5} = \frac{25}{5} = 5$$

El centro de gravedad es $(\bar{x} = 6;\ \bar{y} = 5)$.

Covarianza

Ten en cuenta

La **covarianza** mide la suma de las áreas de los rectángulos que tienen por vértices opuestos el punto y el centro de gravedad.

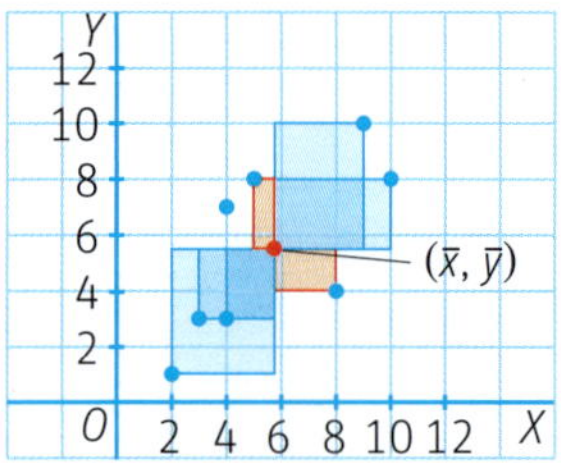

Sus lados miden $(x_i - \bar{x})$ e $(y_i - \bar{y})$ con su signo correspondiente.

La **covarianza** mide la variación conjunta de ambas variables.

$$s_{xy} = \frac{\sum (x_i - \bar{x}) \cdot (y_j - \bar{y})}{N} = \frac{\sum x_i y_j}{N} - \bar{x}\,\bar{y}$$

Si los datos vienen dados con sus frecuencias f_{ij}, la covarianza es:

$$s_{xy} = \frac{\sum (x_i - \bar{x}) \cdot (y_j - \bar{y}) f_{ij}}{N} = \frac{\sum x_i y_j f_{ij}}{N} - \bar{x}\,\bar{y}$$

El valor de la covarianza depende de las unidades de medida de las variables, pero su signo indica la correlación entre ellas.

- $s_{xy} > 0 \Rightarrow$ Directa
- $s_{xy} < 0 \Rightarrow$ Inversa
- $s_{xy} \simeq 0 \Rightarrow$ Débil

Ejemplo ▸ Calcula la covarianza entre las notas de los alumnos.

Alumno	x_i	y_j	$(x_i - \bar{x})$	$(y_i - \bar{y})$	$(x_i - \bar{x}) \cdot (y_i - \bar{y})$
1	3	3	−3	−2	6
2	4	3	−2	−2	4
3	5	7	−1	2	−2
4	8	4	2	−1	−2
5	10	8	4	3	12
Suma	30	25	0	0	**18**

La covarianza es $s_{xy} = \frac{\sum (x_i - \bar{x}) \cdot (y_j - \bar{y})}{N} = \frac{18}{5} = 3{,}6 > 0$.

Como el valor es positivo y no es cercano a 0, la correlación entre X e Y es directa.

Coeficiente de correlación lineal

La correlación lineal entre dos variables se puede cuantificar con un único número, el **coeficiente de correlación lineal**, *r*.

$$r = \frac{s_{xy}}{s_x s_y}$$

Donde s_{xy} es la covarianza y s_x, s_y son las desviaciones típicas de las variables.

El coeficiente de correlación lineal no tiene dimensiones, es decir, no depende de las dimensiones de las variables. Su valor está comprendido entre –1 y 1.

- Si $r > 0$, la correlación es directa.
- Si $r < 0$, la correlación es inversa.
- Si *r* está próximo a 0, la correlación es débil.
- Si *r* está próximo a 1 o –1 la correlación es fuerte.
- Si $r = 1$ o $r = -1$ la correlación es perfecta y los puntos están sobre una recta, es decir, hay dependencia funcional.

Ejemplo ▸ Calcula el coeficiente de correlación lineal de la distribución de las notas de Matemáticas y de Física.

Completamos la tabla para calcular las desviaciones típicas de *X* e *Y*.

Alumno	x_i	y_i	x_i^2	y_i^2
1	3	3	9	9
2	4	3	16	9
3	5	7	25	49
4	8	4	64	16
5	10	8	100	64
Suma	30	25	214	147

$$s_x = \sqrt{\frac{\sum x_i^2}{N} - \bar{x}^2} = \sqrt{\frac{214}{5} - 6^2} = 2{,}608$$

$$s_y = \sqrt{\frac{\sum y_i^2}{N} - \bar{y}^2} = \sqrt{\frac{147}{5} - 5^2} = 2{,}098$$

La covarianza es $s_{xy} = 3{,}6$.

Así, el coeficiente de correlación lineal es $r = \frac{s_{xy}}{s_x s_y} = \frac{3{,}6}{2{,}608 \cdot 2{,}098} = 0{,}658$.

Hay correlación fuerte directa entre las notas de Matemáticas y de Física.

MAT-TIC GeoGebra

Entra en sm**Savia**digital.com y calcula e interpreta la covarianza y el coeficiente de correlación.

Con calculadora

Para trabajar con distribuciones bidimensionales:

- Se elige el modo estadístico para varias variables:
  Mode Mode REG
- Se introducen los valores de la variable bidimensional:
  x_1, y_1 M+
  x_2, y_2 M+
  …
- Para calcular el coeficiente de correlación:
  Shift S-VAR *r* =

ACTIVIDADES

17. Se quiere estudiar la relación entre las ventas de un producto y el espacio destinado a su exposición. Se anotan las ventas, en unidades, y la longitud de los expositores, en metros, durante seis semanas:

Semana	1.ª	2.ª	3.ª	4.ª	5.ª	6.ª
Metros	0,5	1	1,5	2	3	4
Unidades	12	15	13	25	24	30

a) Representa la nube de puntos e indica qué tipo de correlación existe.

b) Calcula el centro de gravedad de la distribución.

c) Calcula la media y la desviación típica de cada variable.

d) Halla la covarianza y el coeficiente de correlación.

18. La tabla muestra los datos de importaciones y exportaciones de los años 2007 a 2014, en miles de millones de euros.

Año	08	09	10	11	12	13	14
X (I)	270	210	247	271	263	256	270
Y (E)	191	163	192	220	230	238	245

Dibuja la nube de puntos y calcula el coeficiente de correlación.

19. Se ha preguntado a 10 viandantes sobre el número de veces que han ido al teatro y al cine en el último año.

Teatro	0	1	2	3	3	4	5	5	6	7
Cine	6	12	15	10	5	8	6	9	4	2

¿Hay correlación entre las dos variables? Justifica tu respuesta.

7 Recta de regresión lineal

smSaviadigital.com

AMPLÍA Para encontrar la mejor recta de regresión se podrían adoptar varios criterios: la que pase por más puntos de la nube, la que se distancie menos del mayor número de puntos...

El criterio que se sigue normalmente es el **método de los mínimos cuadrados**.

Cuando hay una fuerte correlación lineal entre las variables de una distribución bidimensional, se busca la recta que mejor se ajusta a la nube de puntos.

La **recta de regresión lineal de *Y* sobre *X*** pasa por el centro de gravedad $(\overline{x}, \overline{y})$ y su ecuación es:

$$y - \overline{y} = \frac{s_{xy}}{s_x^2}(x - \overline{x})$$

Su pendiente $\frac{s_{xy}}{s_x^2}$ se llama **coeficiente de regresión de *Y* sobre *X*.**

La recta de regresión de *Y* sobre *X* permite estimar el valor que tomará la variable *Y* para un determinado valor de la variable *X*. El valor de la estimación es fiable cuando:

- El valor está en el rango de valores de *X* o muy cerca de sus extremos.
- Si el coeficiente de correlación se aproxima a 1 o –1.

MAT-TIC GeoGebra

Entra en smSaviadigital.com y encuentra la recta de regresión de forma intuitiva.

Ejemplo ▸ El número de licencias de armas por cada 100000 habitantes, *X*, y el de homicidios por cada 100000 habitantes, *Y*, en una ciudad de EE. UU. entre 2010 y 2016 están representados en la siguiente tabla. Si las autoridades hubiesen reducido en 2016 las licencias a 500, ¿cuál hubiese sido el número de homicidios esperados?

X	219	395	589	655	700	809	820
Y	9	25	43	22	54	42	32

Se completa la tabla de datos y se calculan los parámetros necesarios:

x_i	y_i	$x_i y_i$	x_i^2	y_i^2
219	9	1971	47961	81
395	25	9875	156025	625
589	43	25327	346921	1849
655	22	14410	429025	484
700	54	37800	490000	2916
809	42	33978	654481	1764
820	32	26240	672400	1024
4187	227	149061	2796813	8743

$$\overline{x} = \frac{4187}{7} = 598{,}14$$

$$\overline{y} = \frac{227}{7} = 32{,}43$$

$$s_x^2 = \frac{2796813}{7} - 598{,}14^2 = 41773{,}25$$

$$s_y^2 = \frac{8743}{7} - 32{,}43^2 = 197{,}3$$

$$s_{xy} = \frac{149061}{7} - 598{,}14 \cdot 32{,}43 = 1896{,}75$$

Por tanto, la ecuación de la recta de regresión de *Y* sobre *X* es:

$$y - 32{,}43 = \frac{1896{,}75}{41\,773{,}25}(x - 598{,}14) \Rightarrow y = 0{,}045x + 5{,}514$$

El número de homicidios estimado para 500 licencias se calcula sustituyendo $x = 500$ en la recta de regresión: $y = 0{,}045 \cdot 500 - 5{,}514 = 28{,}014$ homicidios.

Como el valor está dentro del rango de la variable *X*, la estimación es fiable.

PON EN VALOR

Los estudios estadísticos permiten establecer relaciones entre variables y así predecir qué puede ocurrir en el futuro. Esto permite tomar decisiones justas y evitar situaciones de conflicto.

Entra en smSaviadigital.com y elabora un mural donde muestres, con evidencias, la relación entre el comercio de armas y situaciones de conflicto.

smSaviadigital.com

PRACTICA Calcula parámetros de distribuciones bidimensionales.

ACTIVIDADES

20. Los datos de importaciones y exportaciones de un país entre los años 2008 a 2014 en miles de millones de euros son:

I	270	210	247	271	263	256	270
E	191	163	192	220	230	238	245

Calcula la recta de regresión de *Y* sobre *X*.

21. Las edades de los actores que han protagonizado "Romeo y Julieta" en las últimas 8 representaciones de un teatro han sido:

Romeo	27	32	39	37	45	38	43	25
Julieta	23	30	32	40	39	38	32	34

Dibuja la nube de puntos y calcula la recta de regresión. ¿Cuál es la edad esperada de Julieta si Romeo tiene 36 años?

Organiza tus ideas

CONCEPTOS BÁSICOS

Población es el conjunto formado por todos los individuos.

Muestra es el subconjunto de la población sobre la que se hace el estudio.

Variable estadística
- Cualitativa
- Cuantitativa
  - Continua
  - Discreta

Frecuencias

- Frecuencia absoluta: f_i
- Frecuencia absoluta acumulada: $F_i = \sum_{j \leq i} f_j$
- Frecuencia relativa: $h_i = \dfrac{f_i}{N}$
- Frecuencia relativa acumulada: $H_i = \dfrac{F_i}{N}$

GRÁFICOS ESTADÍSTICOS

Diagrama de barras y polígono de frecuencias

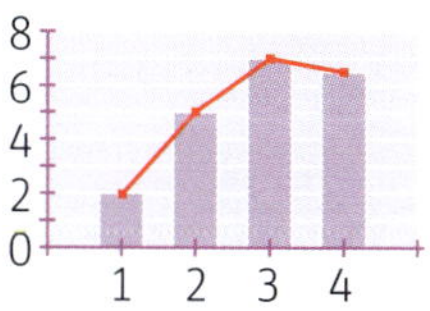

Polígono de frecuencias acumuladas

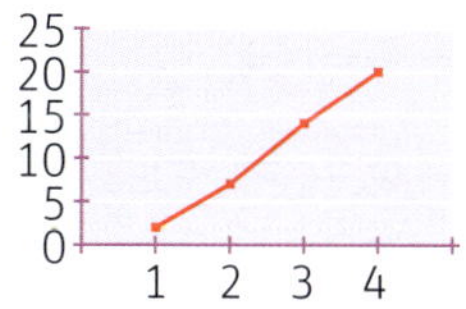

Diagrama de sectores

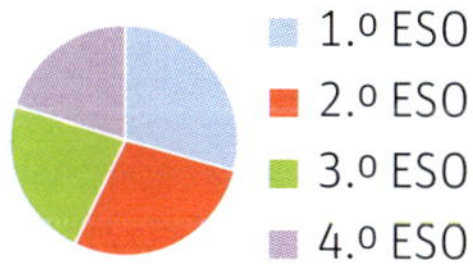

Diagramas lineales

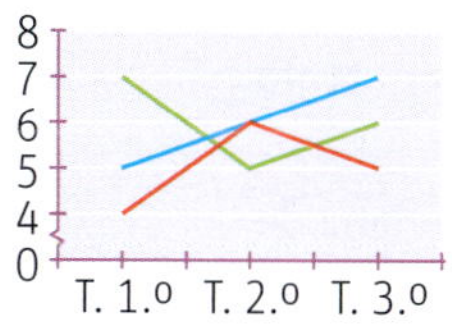

Histograma. Polígono de frecuencias

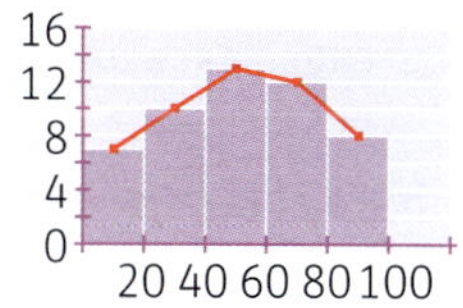

MEDIDAS DE CENTRALIZACIÓN

- **Moda**, M_0, es el valor o los valores de la variable de mayor frecuencia.
- **Media**, $\overline{x}$, es el cociente de la suma de todos los datos entre el número total de datos.
- **Mediana**, M, es el dato que ocupa el lugar central de los datos ordenados de menor a mayor.
- **Cuartiles**, Q_1, Q_2 y Q_3, dividen a la distribución en cuatro partes iguales. $Q_2 = M$.

MEDIDAS DE DISPERSIÓN

- **Recorrido o rango**: diferencia entre el mayor y el menor valor de la variable.
- Varianza: $s^2 = \dfrac{\sum (x_i - \overline{x})^2 f_i}{N} = \dfrac{\sum x_i^2 f_i}{N} - \overline{x}^2$
- Desviación típica: $s = \sqrt{\dfrac{\sum (x_i - \overline{x})^2 f_i}{N}} = \sqrt{\dfrac{\sum x_i^2 f_i}{N} - \overline{x}^2}$
- Coeficiente de variación: $CV = \dfrac{s}{\overline{x}}$

DISTRIBUCIONES BIDIMENSIONALES

Estudian dos características de una población.

Cada individuo se representa por un par de valores, uno de cada variable, mediante una **nube de puntos**.

Correlación débil

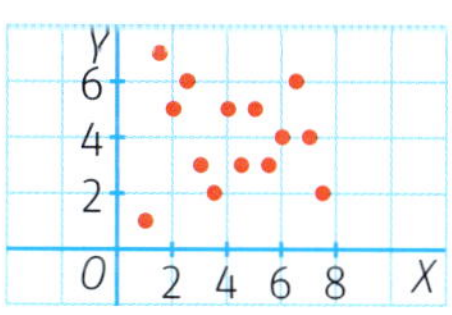

Correlación fuerte directa

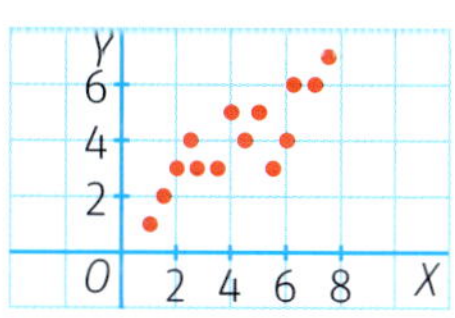

Correlación fuerte inversa

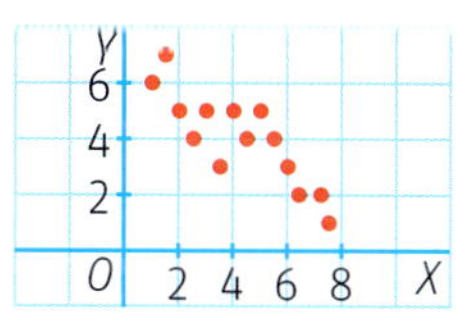

- Centro de gravedad: $\left(\overline{x} = \dfrac{\sum x_i}{N},\ \overline{y} = \dfrac{\sum y_j}{N}\right)$
- Covarianza: $s_{xy} = \dfrac{\sum (x_i - \overline{x}) \cdot (y_j - \overline{y})}{N} = \dfrac{\sum x_i y_j}{N} - \overline{x}\,\overline{y}$
- Coeficiente de correlación: $r = \dfrac{s_{xy}}{s_x s_y}$
- Recta de regresión lineal: $y - \overline{y} = \dfrac{s_{xy}}{s_x^2}(x - \overline{x})$

1. En un test de hábitos de consumo, donde 1 son malos hábitos y 9 buenos hábitos, los compradores de una gran superficie han obtenido las siguientes puntuaciones.

x_i	f_i
1	5
2	8
3	7
4	32
5	43
6	38
7	45
8	12
9	10

a) Representa el polígono de frecuencias acumuladas en tanto por ciento.

b) Calcula la media y la mediana de las puntuaciones.

c) Halla los cuartiles utilizando el polígono de frecuencias acumuladas y el recorrido intercuartílico.

a) Se construye la tabla de frecuencias acumuladas:

x_i	f_i	$x_i f_i$	F_i	H_i (%)
1	5	5	5	2,5
2	8	16	13	6,5
3	7	21	20	10
4	32	128	52	26
5	43	215	95	47,5
6	38	228	133	66,5
7	45	315	178	89
8	12	96	190	95
9	10	90	200	100
	200	**1114**		

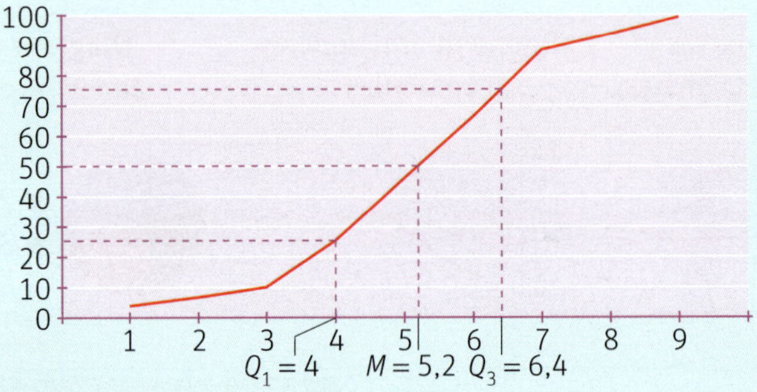

b) La media es: $\overline{x} = \frac{1114}{200} = 5,57$

Se calcula la mediana gráficamente. Para ello, se traza una recta horizontal en el valor 50 % hasta que corte a la gráfica. La abscisa de ese punto es el valor de la mediana: $M = 5,2$

c) De forma similar se hallan los cuartiles, trazando rectas horizontales en los valores 25 % y 75 %: $Q_1 = 4$ y $Q_3 = 6,4$

El recorrido intercuartílico es: $R_i = Q_3 - Q_1 = 6,4 - 4 = 2,4$

2. Los resultados para medir el cociente intelectual (C.I.) de 80 estudiantes en un test de inteligencia han sido:

C.I.	Est.
[70,90)	15
[90,110)	38
[110,130)	24
[130,150)	3

a) Halla la media de C.I.

b) Calcula la varianza y la desviación típica

c) Halla el coeficiente de variación.

Para realizar los cálculos se amplía la tabla con las marcas de clase y las frecuencias y cálculos intermedios necesarios.

Intervalos	Marca: x_i	f_i	F_i	$x_i f_i$	$x_i^2 f_i$
[70,90)	80	15	15	1200	96000
[90,110)	100	38	53	3800	380000
[110,130)	120	24	77	2880	345600
[130,150)	140	3	80	420	58800
		80		**8300**	**880400**

a) Media: $\overline{x} = \frac{8300}{80} = 103,75$

b) Varianza: $s^2 = \frac{\sum x_i^2 f_i}{N} - \overline{x}^2 = \frac{880400}{80} - 103,75^2 = 240,94$

Desviación típica: $s = \sqrt{240,94} = 15,52$

c) Coeficiente de variación $CV = \frac{s}{\overline{x}} = \frac{15,52}{103,75} = 0,15$

3. Para estudiar la relación entre la estatura y el peso se han anotado la estatura en centímetros y el peso, en kilogramos, de 8 jóvenes de 14 años.

Estatura: x_i	Peso: y_i
158	51
178	65
170	67
173	59
164	53
162	51
169	63
177	70

a) Representa la nube de puntos e indica cómo es la correlación entre las variables.

b) Halla el centro de gravedad.

c) Calcula la covarianza y el coeficiente de correlación.

d) Halla la recta de regresión del peso sobre la estatura.

- ¿Cuál es el peso esperado para un joven que mida 165 cm?
- ¿Cuál es el peso esperado para uno que mida 205 cm? ¿Esta estimación es más o menos fiable que la anterior? ¿Por qué?

a) Se representan los pares de valores para obtener la nube de puntos:

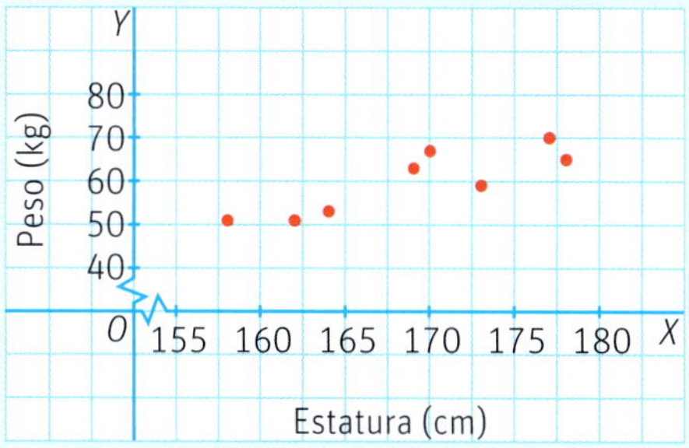

Se observa que la correlación es fuerte y directa.

b) Se amplía la tabla de datos para facilitar los cálculos:

Estatura: x_i	Peso: y_i	x_i^2	y_i^2	$x_i \cdot y_i$
158	51	24964	2601	8058
178	65	31684	4225	11570
170	67	28900	4489	11390
173	59	29929	3481	10207
164	53	26896	2809	8692
162	51	26244	2601	8262
169	63	28561	3969	10647
177	70	31329	4900	12390
1351	**479**	**228507**	**29075**	**81216**

El centro de gravedad es el punto de coordenadas:

$$\overline{x} = \frac{1351}{8} = 168{,}875 \text{ cm}, \quad \overline{y} = \frac{479}{8} = 59{,}875 \text{ kg}$$

c) Covarianza:

$$s_x^2 = \frac{\sum x_i^2}{N} - \overline{x}^2 = \frac{228507}{8} - 168{,}875^2 = 44{,}61 \Rightarrow s_x = 6{,}68$$

$$s_y^2 = \frac{\sum y_i^2}{N} - \overline{y}^2 = \frac{29075}{8} - 59{,}875^2 = 49{,}36 \Rightarrow s_y = 7{,}03$$

$$s_{xy} = \frac{\sum x_i y_i}{N} - \overline{x}\,\overline{y} = \frac{81216}{8} - 168{,}875 \cdot 59{,}875 = 40{,}61$$

Coeficiente de correlación: $r = \frac{s_{xy}}{s_x s_y} = \frac{40{,}61}{6{,}68 \cdot 7{,}03} = 0{,}865$

Este valor, próximo a 1, confirma que existe una correlación fuerte y directa, como se había deducido a partir de la nube de puntos.

d) La recta de regresión es:

$$y - \overline{y} = \frac{s_{xy}}{s_x^2}(x - \overline{x}) \rightarrow y - 59{,}875 = \frac{40{,}61}{44{,}61}(x - 168{,}875) \Rightarrow y = 0{,}91x - 93{,}86$$

- El peso esperado de un joven que mide 165 cm es:

  $y = 0{,}91 \cdot 165 - 93{,}86 = 56{,}29$ kg

  Esta estimación es fiable, ya que el valor de X esta dentro del rango de valores que toma esta variable.

- El peso esperado de un joven que mide 205 cm es:

  $y = 0{,}91 \cdot 205 - 93{,}86 = 92{,}69$ kg

  Esta estimación es menos fiable que la anterior ya que el valor 205 cm se encuentra alejado del extremo superior de la variable X en la distribución, que es 178 cm.

Actividades

EJERCICIOS PARA PRACTICAR

Conceptos elementales de estadística

22. Emprende

Se quiere realizar un estudio sobre el tipo de mascotas que tiene la población de una ciudad de 10000 habitantes. Se proponen varias alternativas para seleccionar una muestra de 500 ciudadanos:

- Muestra aleatoria utilizando el censo municipal.
- Muestra estratificada por edad de forma aleatoria.
- Muestra aleatoria estratificada por barrios de la ciudad donde viven.

a) ¿Qué muestra consideras más representativa?

b) Se quiere hacer un estudio sobre el gasto que supone tener una mascota. Diseña el tipo de muestreo que consideres más adecuado y compáralo con el de tu compañero. ¿Qué muestra es más representativa?

23. Un supermercado realiza un estudio estadístico de sus clientes para conocer:

a) El número de clientes cada hora.

b) El importe de la compra de cada cliente.

c) Medio de transporte utilizado para llegar.

Indica de qué tipo es cada una de estas variables.

24. La Encuesta de Población Activa (EPA), mide la tasa de parados y de población ocupada. La realiza el Instituto Nacional de Estadística (INE) sobre una muestra de unas 200000 personas cada trimestre. La población total del estudio (población activa) asciende a 23015500 personas. El gráfico muestra la evolución del número de parados (en miles) desde 2011 a 2015.

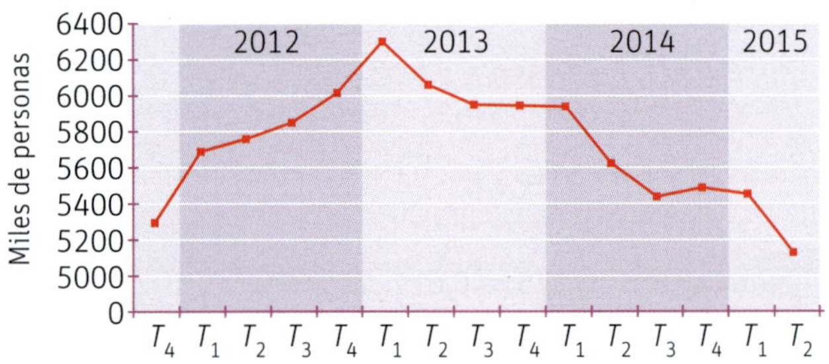

a) ¿Qué porcentaje de la población total forma la muestra?¿Es representativa?

b) ¿De qué tipo es el gráfico estadístico?

c) Los puntos representan trimestres. ¿Cuándo se alcanza el máximo? ¿En cuánto aumentó el paro entre el 4.º trimestre de 2011 y el máximo del número de parados?

d) Indica de forma aproximada la diferencia de parados entre el principio y el final de la serie.

25. Durante el mes de junio las temperaturas máximas en una ciudad han sido (en grados centígrados):

28, 27, 28, 29, 25, 24, 23, 25, 27, 30, 29, 28, 29, 30, 26, 28, 31, 30, 30, 27, 29, 28, 30, 29, 30, 31, 32, 29, 30, 31

a) Define la variable estadística. ¿De qué tipo es?

b) Completa la tabla de frecuencias relativas y acumuladas.

c) ¿Tiene sentido agrupar los datos en intervalos? Justifica tu respuesta.

Gráficos estadísticos

26. Según datos del Ministerio de Educación, Cultura y Deporte (MECyD) los estudiantes matriculados en grados universitarios en 2014/2015 fueron 1373000, distribuidos así:

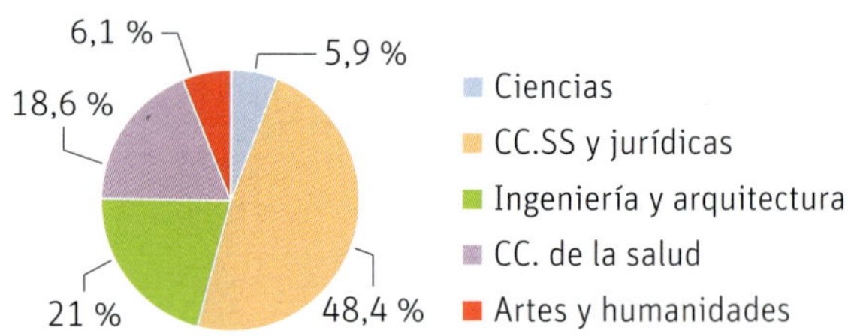

a) Calcula la amplitud de los sectores correspondientes a los estudios de Ciencias y de Ciencias de la salud.

b) ¿Cuántos estudiantes cursan Ingeniería y Arquitectura?

27. Se ha encuestado a 50 personas para saber si pasaban sus vacaciones en el extranjero. Los resultados han sido:

	Nunca	A veces	A menudo	Siempre
Número	4	20	22	4

a) ¿De qué tipo es la variable?

b) Construye la tabla de frecuencias.

c) Representa la distribución. ¿Qué tipo de gráfico es el más aconsejable?

28. Se recomienda ingerir las calorías que necesita una persona de la siguiente forma:

Hidratos de carbono	Grasas	Proteínas
50 %	35 %	15 %

Representa los datos en un diagrama de sectores.

29. Según datos del Ministerio de Empleo y Seguridad Social sobre actividad económica, el número de empresas y de trabajadores por sectores en 2014 fue:

Actividad económica	N.° de empresas	N.° de trabajadores
Industria	107195	1795103
Construcción	105103	597357
Transporte y almacenamiento	63407	594952
Hostelería	159488	962144
Comunicaciones y finanzas	18753	369762
Act. científicas y técnicas	86862	617004
Act. administrativas	47894	1133914
Act. artísticas	24858	205011

a) ¿Cuál es el mejor tipo de gráfico para representar la participación de cada sector?

b) Utiliza una hoja de cálculo para hacer los gráficos de cada columna. ¿Hay correspondencia entre ellos?

30. Representa en el gráfico más adecuado el gasto mensual de una familia en comida y en ropa en los últimos 6 meses.

Comida	325	285	345	300	280	290
Ropa	220	180	68	120	90	280

Medidas de centralización

31. Una empresa de marketing hace una encuesta sobre un producto entre 20 personas. Han de valorar el producto de 1 a 5:

1 = muy malo 4 = bueno
2 = malo 5 = muy bueno
3 = regular

Los resultados obtenidos han sido:

1, 3, 3, 4, 1, 2, 2, 5, 1, 4, 5, 1, 5, 5, 1, 1, 2, 2, 3, 5

a) Halla la media, la moda y la mediana de las valoraciones.

b) Elige el gráfico adecuado para presentar los resultados.

32. Las notas obtenidas por Juan en los exámenes escritos en Matemáticas a lo largo de un curso han sido:

3, 5, 6, 4, 6, 7, 5, 7, 8, 6, 7, 6

a) Calcula la moda, la media y la mediana.

b) Halla los cuartiles.

33. La cantidad mensual de lluvia recogida en un observatorio a lo largo de un año ha sido:

E	F	M	A	M	J	JL	A	S	O	N	D
182	170	137	117	149	80	40	122	133	156	198	182

a) ¿Se trata de un clima seco o húmedo?

b) Calcula la media y la mediana.

c) Halla los cuartiles.

34. El número de pensionistas en España y la cuantía de las pensiones en 2015 vienen dados en este gráfico.

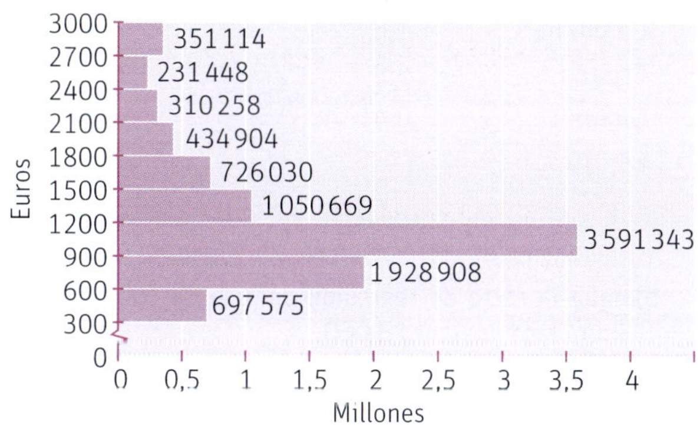

a) Haz la tabla de frecuencias relativas acumuladas (%) y dibuja el histograma.

b) Halla la moda, la media y la mediana.

35. Los resultados de una prueba de evaluación externa en un centro han sido:

Puntos	0	1	2	3	4	5	6	7	8	9	10
Alumnos	2	12	32	38	45	54	68	60	54	29	6

a) Halla la moda, la media y la mediana de las notas.

b) Dibuja el polígono de frecuencias acumuladas.

c) Calcula los cuartiles.

d) Dibuja el diagrama de cajas.

Medidas de dispersión

36. Se ha preguntado a 30 personas sobre el número de horas diarias que ven la televisión, con el siguiente resultado:

Horas TV	0	1	2	3	4	5
N.º personas	4	6	8	7	4	1

a) Calcula la media, la varianza y la desviación típica.

b) Halla el coeficiente de variación.

ACTIVIDAD **RESUELTA**

37. Las notas de un grupo de 20 alumnos son:

Nota	3	4	5	6	7	8	9
f_i	2	3	6	4	2	2	1

a) Halla la media y la desviación típica.

b) Si se supone que se aproxima a una distribución normal, ¿entre qué valores se encuentra aproximadamente el 68 % de los datos?

a) La media es $\overline{x} = 5{,}55$ y la desviación típica es $s = 1{,}6$.

b) Se construye el diagrama de barras de las notas.

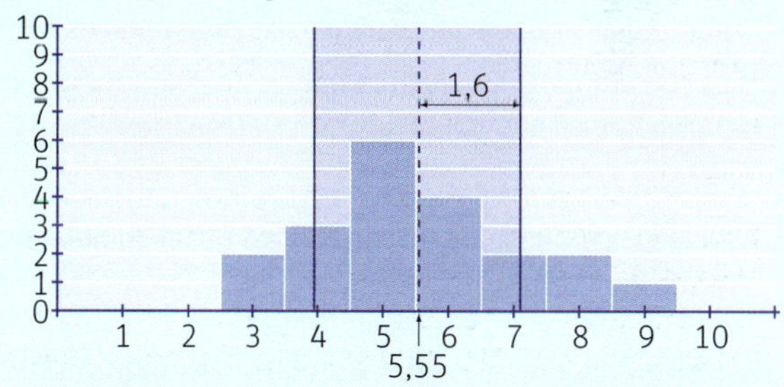

El 68 % de los datos está entre las dos líneas verticales:

$$\overline{x} - s = 5{,}55 - 1{,}6 = 3{,}95$$

$$\overline{x} + s = 5{,}55 + 1{,}6 = 7{,}15$$

Entre 3,95 y 7,15 se encuentran un poco más de las dos terceras partes de las notas.

38. En una empresa de madera una sierra automática corta tablones de 2 m de longitud. En un control se ha medido una muestra de 10 tablones y las longitudes han sido:

2,01 2,03 1,96 2,06 1,98 2,05 2,08 1,95 2,10 1,92

a) Halla la media y la desviación típica.

b) Se desechan los tablones cuyas longitudes no estén comprendidas entre $\overline{x} - s$ y $\overline{x} + s$. ¿Cuántos tablones de la muestra hay que desechar?

39. Las edades de los empleados de unos grandes almacenes vienen dadas en la tabla:

Edad	[20,30)	[30,40)	[40,50)	[50,60)	[60,70)
N.º	22	48	50	42	28

a) Haz el histograma de frecuencias y el polígono de frecuencias acumuladas.

b) Halla la media y la mediana.

c) Calcula el recorrido intercuartílico, la varianza y la desviación típica.

Distribuciones bidimensionales

40. Observa los siguientes diagramas de dispersión e indica el tipo de relación entre las variables.

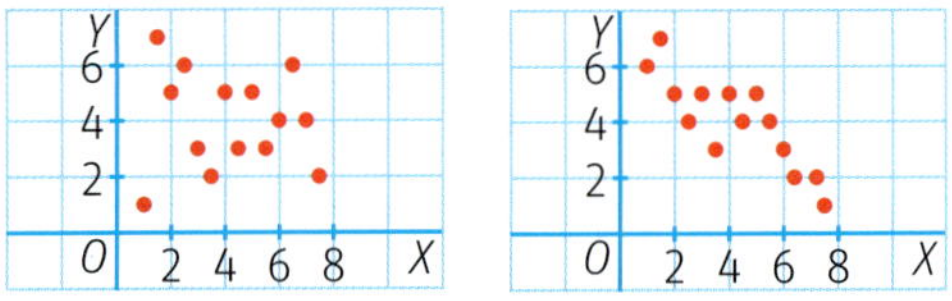

ACTIVIDAD **RESUELTA**

41. Asocia los coeficientes de correlación r, con su nube de puntos:

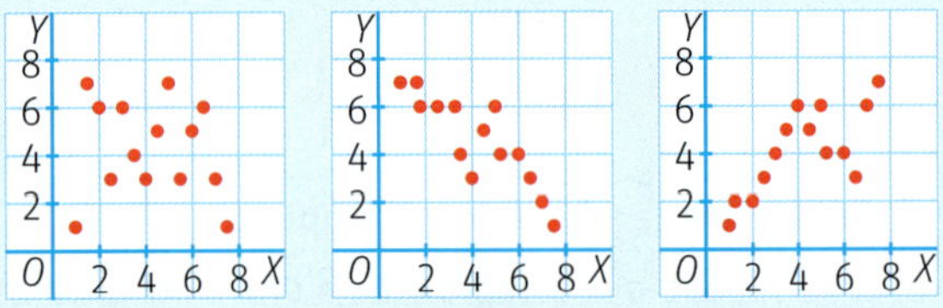

A. $r = 0,75$ **B.** $r = -0,1$ **C.** $r = -0,9$

- La primera nube de puntos no se ajusta a ninguna recta, por lo que su coeficiente de correlación lineal debe ser $r = -0,1$.
- La segunda nube se ajusta a una recta de pendiente negativa, por lo que su coeficiente de correlación lineal es $r = -0,9$.
- La tercera nube se ajusta a una recta con pendiente positiva, por lo que su coeficiente de correlación lineal es $r = 0,75$.

42. Asocia los coeficientes de correlación r, con su nube de puntos:

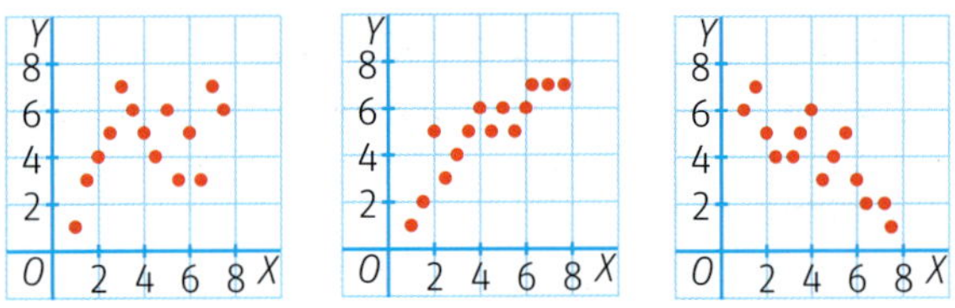

A. $r = -0,8$ **B.** $r = 0,4$ **C.** $r = 0,9$

43. Para llegar al trabajo Isa puede ir en su coche o en autobús. Durante una semana va en su coche y la siguiente en transporte público para controlar el tiempo que tarda, en minutos.

	L	M	X	J	V
Coche	25	18	22	24	23
Autobús	27	22	21	28	30

a) Dibuja la nube de puntos y el centro de gravedad.

b) Halla la covarianza e interpreta el resultado.

c) Calcula el coeficiente de correlación.

44. El director de un comercio quiere evaluar el impacto de los gastos en publicidad en el volumen de ventas de su negocio. Ha recogido los gastos en publicidad y ventas, en miles de euros, los últimos ocho meses:

G	2,6	2,5	2,4	1,5	0,9	3	2,7	2,3
V	280	220	250	180	150	340	300	220

a) Dibuja la nube de puntos y marca el centro de gravedad.

b) Calcula la covarianza y el coeficiente de correlación.

c) Halla las ventas estimadas si el gasto en publicidad hubiese sido de 1,2 miles de euros.

45. ¿Cuál de estas dos nubes de puntos representa la edad (X) y las notas obtenidas en un examen de acceso a la universidad de mayores de 25 años? ¿Por qué?

A.

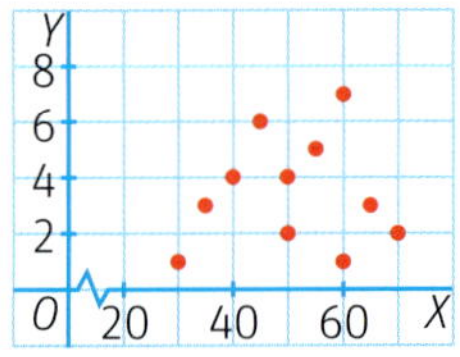

B.

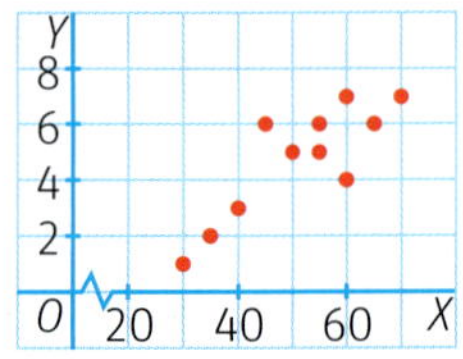

46. Una sociedad industrial vende máquinas a varias empresas. El precio mínimo es de 10 000 €. El número de máquinas vendidas, Y, está relacionado con el precio, X, en miles de euros, según la tabla:

Precio	10	11	12	13	14	15
N.º máquinas	98	72	52	44	32	12

a) Representa la nube de puntos.

b) Calcula la recta de regresión.

c) ¿Cuáles serían las ventas estimadas si el precio de 11 500 €?

47. La tabla muestra las emisiones de CO_2 por habitante (en toneladas métricas) y el uso de combustibles fósiles como fuente de energía en 2013. (*Fuente Banco Mundial*)

	CO_2/Hab. (Tm)	C. fósiles (% del total de energía)
Alemania	8,9	80,9
Argelia	3,3	99,9
Brasil	2,2	56,5
Canadá	14,1	73,4
China	6,7	88,2
Colombia	1,6	75,6
España	5,8	75,0
Ghana	0,4	43,6
EE. UU.	17,0	83,7

a) ¿Existe alguna correlación entre las dos variables? Halla el coeficiente de correlación para justificar tu respuesta.

b) Halla la recta de regresión del uso de combustibles fósiles sobre las emisiones de CO_2.

c) ¿Serían fiables el valor aproximado de uso de combustibles fósiles para un país con unas emisiones de CO_2 de 10 Tm por habitante?

ACTIVIDAD **RESUELTA**

48. De una distribución bidimensional (X, Y) se sabe que $\bar{x} = 6$, $\bar{y} = 10$, $r = 0,85$, $s_x = 1,2$ y $s_y = 2,2$. Calcula la recta de regresión de Y sobre X.

Como $r = \frac{s_{xy}}{s_x s_y} \Rightarrow s_{xy} = r\,s_x\,s_y \Rightarrow s_{xy} = 0,85 \cdot 1,2 \cdot 2,2 = 2,24$.

Por tanto, la recta es: $y - 10 = \frac{2,24}{1,2^2}(x - 6) \Rightarrow y = 1,56x + 0,64$

49. Calcula la recta de regresión de Y sobre X en una distribución bidimensional (X,Y) si $\bar{x} = 195$; $\bar{y} = 92,1$; $r = 0,94$; $s_x = 6,07$; $s_y = 6,56$.

PROBLEMAS PARA RESOLVER

50. Las notas de 8 alumnos en un examen de Matemáticas han sido: 4, 5, 6, 4, 7, 9, 3 y 5.

a) Representa los datos en un gráfico adecuado.

b) Calcula la media y la desviación típica.

c) El profesor premia a sus alumnos y les sube 2 puntos a cada uno. ¿Qué les sucede a la media y a la desviación típica?

51. Las previsiones de la Agencia Estatal de Meteorología AEMET para una semana en Zaragoza han sido:

M 15				X 16		J 17		V 18	S 19
00-06 h	06-12 h	12-18 h	18-24 h	00-12 h	12-24 h	00-12 h	12-24 h		
6 °C	9 °C	10 °C	6 °C						
Probabilidad de precipitación									
75%	80%	5%	0%	5%	15%	5%	20%	50%	35%
Cota de nieve (m)									
900	900				1000		900	1300	1700
Temperatura mínima y máxima (°C)									
6 / 13				5 / 13		2 / 12		2 / 13	6 / 17

a) Dibuja la nube de puntos que relaciona la temperatura máxima con la probabilidad media de precipitación cada día.

b) Calcula la covarianza y el coeficiente de correlación.

c) ¿Existe alguna correlación entre la temperatura máxima y la probabilidad de precipitaciones? ¿De qué tipo?

52. Luis quiere comprarse una moto de 1000 c. c. Compara precios, potencia y peso de varios modelos.

Marca	€	CV	kg
Tuzuki	14 300	185	208
Conda	15 700	175	199
MMM	16 500	170	202
ZVK	17 500	193	209
Tamiha	16 000	182	216
Asawaki	14 600	188	208
MV Felicia	18 500	186	212

a) Representa la nube de puntos en la que X es el precio en miles de euros, e Y, la potencia. Halla el coeficiente de correlación. Explica el tipo de relación entre las dos variables.

b) Representa la nube de puntos en la que X sea la potencia, e Y, el peso. ¿Qué puedes indicar de la correlación entre ambas?

53. Un pediatra ha obtenido esta nube de puntos al estudiar la relación entre el peso y la edad de seis niños de su consulta.

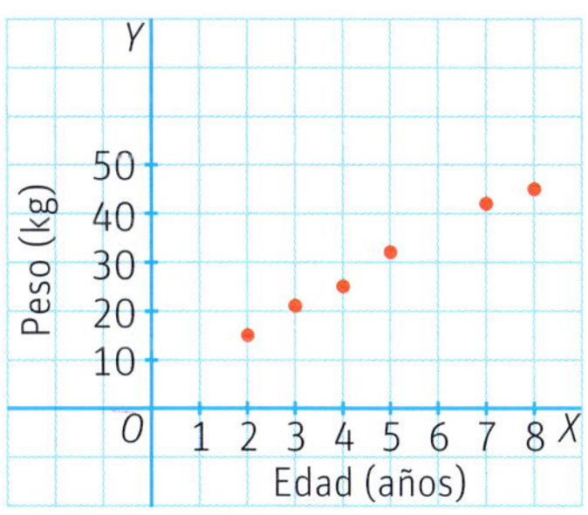

Se conocen los siguientes datos de la distribución:

$\bar{x} = 4{,}83$

$\bar{y} = 30$

$s_x^2 = 4{,}47$

$s_y^2 = 117{,}33$

$s_{xy} = 22{,}83$

a) Halla el coeficiente de correlación. ¿Qué indica?

b) Calcula la ecuación de la recta de regresión de Y sobre X.

c) ¿Cuál sería el peso aproximado de un niño de 6 años? ¿Es fiable esta estimación?

ACTIVIDADES PARA PENSAR MÁS

54. En una clase de 30 alumnos de 4.º ESO, las chicas calzan por término medio un 37, y los chicos, un 42. La media global de la clase es un 40. ¿Cuántas chicas hay en clase?

A. 10 B. 12 C. 16 D. 20

55. La media de la estatura de 8 personas es 169 cm, y la desviación típica, 6,68. Se ha descubierto un error en los datos y una estatura de 180 cm se había anotado como 170 cm. ¿Cuál será la desviación típica correcta?

A. 6,54 B. 6,70 C. 5,92 D. 7,62

56. De una distribución bidimensional (X, Y) se sabe que $r = 0{,}9$, $s_{xy} = 2{,}268$ y que $s_y = 2{,}1$. La pendiente de la recta de regresión es:

A. −2,52 B. 1,2 C. 1,575 D. 2,52

57. Las pulsaciones por minuto de un atleta pueden bajar con el entrenamiento:

Meses	0	3	6	9	12	15
Pulsaciones/min	65	64	62	58	57	55

¿Cuántas pulsaciones por minuto tendrá tras 4 años de entrenamiento ininterrumpido?

A. 50 B. 45 C. No se sabe D. 31

Encuentra el error

58. Una imagen vale más que mil tablas.

A veces los parámetros estadísticos pueden jugar malas pasadas. El estadístico Francis J. Anscombe se empeñó en demostrarlo con imágenes.

Observa las dos tablas que inventó.

x	y
4	4,26
5	5,68
6	7,24
7	4,82
8	6,95
9	8,81
10	8,04
11	8,33
12	10,84
13	7,58
14	9,96

x	y
4	3,1
5	4,74
6	6
7	7,26
8	8,14
9	8,87
10	9,14
11	9,26
12	9,13
13	8,74
14	8,1

- La media de la variable y en las dos distribuciones es 7,5.
- En ambas, la variable x toma los mismos valores.
- En las dos el coeficiente de correlación es $r = 0{,}816$.
- La recta de regresión de las dos es: $y = 0{,}5x + 3$.

Y sin embargo, si se afirma que el valor estimado de y para $x = 16$ es 11 se comete un error grave en una de las dos.

¿Por qué? Dibuja las dos nubes de puntos y explica la situación.

Ponte a prueba

PROBLEMA **RESUELTO** **¿Influye el genero en los índices de colesterol?**

El doctor Floid ha realizado un pequeño estudio estadístico entre 50 de sus pacientes, con los siguientes resultados separados por género.

Hombres: 215, 155, 190, 157, 120, 151, 210, 156, 190, 137, 168, 194, 228, 216, 170, 232, 175, 149, 190, 139, 209, 212, 212, 191, 157, 158, 179, 211, 189, 198, 151.

Mujeres: 175, 185, 162, 193, 172, 173, 211, 166, 193, 197, 189, 188, 194, 178, 227, 199, 190, 131, 179.

1. **Dibuja un histograma doble en el que se muestren los valores de hombres y mujeres.**
2. **Halla la media y la desviación típica del índice de colesterol de los hombres y de las mujeres.**
3. **¿Hay diferencias significativas?**

SOLUCIÓN

1. Se agrupan los datos en intervalos de amplitud 20 y se dibuja el histograma de los datos:

Colesterol	Hombres x	Mujeres y
120-140	3	1
140-160	8	0
160-180	4	7
180-200	7	9
200-220	7	1
220-240	2	1

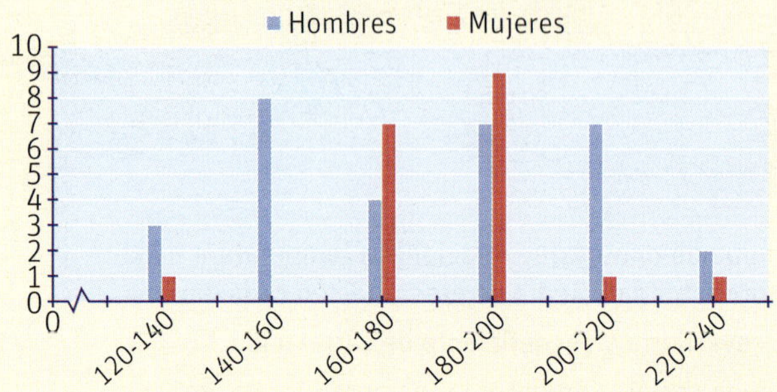

2. Se calculan las medias y las desviaciones típicas:

   Hombres: $\overline{x} = 178{,}39,\ s_x = 29{,}52$

   Mujeres: $\overline{y} = 182{,}63,\ s_y = 19{,}69$

3. El doctor Floid debe concluir que, al menos entre sus pacientes, no hay diferencias significativas en el índice de colesterol en función del género.

Los niveles de CO_2

Desde hace varias décadas el aumento del gas CO_2 en la atmósfera está ayudando a producir un cambio climático. El diagrama muestra los niveles de emisión de CO_2 en 2000 (barras claras) de varios países, los niveles de emisión en 2011 (barras oscuras) y el porcentaje de cambio en los niveles (flechas).

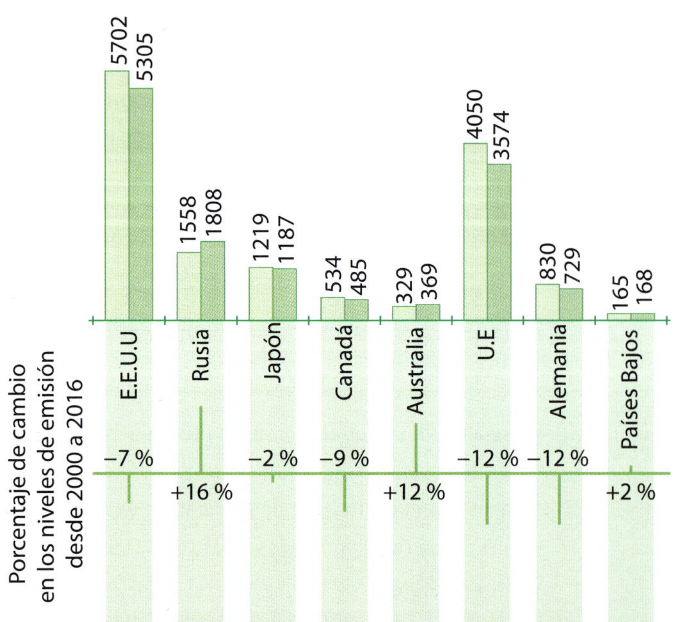

1. **El incremento de emisiones en la federación rusa ha sido del 16 %. Explica con los datos del gráfico cómo se ha obtenido ese 16 %.**
2. **Luisa se fija en los cambios en los niveles de Países Bajos (+2 %) y de la Unión Europea (−12 %) y le resulta extraño que mientras en el conjunto de la UE desciende, en Países Bajos aumenta. ¿Cuál es el porcentaje global de cambio del resto de los países para que esos datos sean ciertos?**
3. **Luisa y Antonio discuten sobre qué país o región tuvo el mayor aumento de emisiones. Cada uno llega a una conclusión distinta basándose en el diagrama. Da dos posibles respuestas "correctas" a esta pregunta y explica por qué ambas lo son.**

Abandono escolar y gasto por estudiante

España tenía en 2014 una de las tasas de abandono escolar prematuro más altas de la Unión Europea, con el 21,9 %. Es decir, casi 22 de cada 100 estudiantes abandonan los estudios sin obtener el título de secundaria.

¿Hay alguna relación entre la tasa de abandono y el gasto por estudiante de secundaria? En la ilustración puedes ver los datos del gasto por estudiante de secundaria expresado en términos de paridad de poder adquisitivo en euros (PPS) y la tasa de abandono escolar en tanto por ciento (TAE).

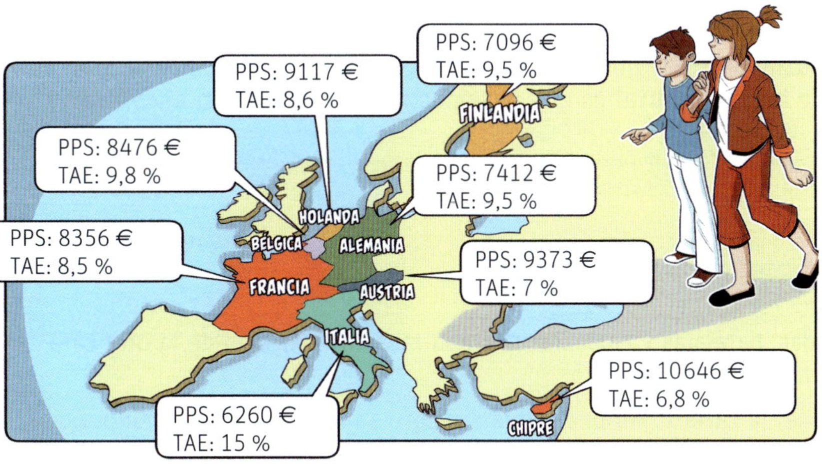

Fuente Eurostat

1. Dibuja la nube de puntos ajustando las unidades de los ejes.
2. Halla el coeficiente de correlación. ¿Existe correlación entre las dos variables? ¿De qué tipo es?
3. Encuentra la ecuación de la recta de regresión de Y (abandono escolar) sobre X (gasto por estudiante).
4. El gasto por estudiante en España es de 7364 €. Según este dato, ¿qué tasa de abandono escolar sería la esperada? Compara el resultado con el valor real. Intenta explicar la diferencia.

AUTOEVALUACIÓN

1. En una encuesta realizada a 500 personas se ha preguntado el número de periódicos comprados a lo largo de una semana con los siguientes resultados expresados en porcentaje de encuestados:

N.º periódicos	0	1	2	3	4	5	6	7
Personas (%)	8	15	23	17	12	11	9	5

a) Construye el diagrama de barras y el polígono de frecuencias.

b) Calcula la media de periódicos comprados semanalmente.

c) Halla la mediana y los cuartiles.

d) Representa el diagrama de cajas.

2. Una tienda de embutidos hace recuento del número de jamones y de su peso. Los resultados son:

[5,5; 6)	[6; 6,5)	[6,5; 7)	[7; 7,5)	[7,5; 8)	[8; 8,5]
3	7	8	12	8	2

a) Representa la distribución con un histograma.

b) Calcula la media, la varianza y la desviación típica.

c) Halla el coeficiente de variación.

3. Asocia cada nube de puntos con su correspondiente coeficiente de correlación r:

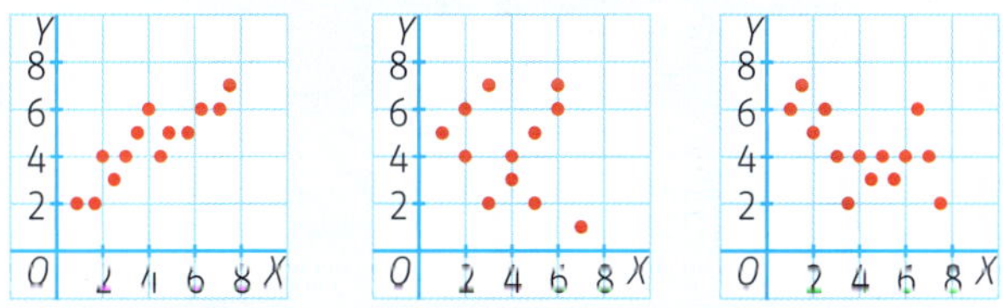

A. $r = -0,2$ **B.** $r = 0,9$ **C.** $r = -0,5$

4. Las notas obtenidas por 10 alumnos en Lengua (x_i) y en Música (y_i) han sido:

x_i	6	4	8	5	3	7	5	10	5	4
y_i	7	5	7	5	4	8	7	9	6	6

a) Representa la nube de puntos.

b) Calcula la media y la desviación típica de cada variable.

c) Halla la covarianza y el coeficiente de correlación.

d) Encuentra la recta de regresión de Y sobre X.

e) ¿Cuál será la nota esperada en Música por un alumno que haya tenido un 8,5 en Lengua?

smSaviadigital.com VALORA LO APRENDIDO > Autoevaluación.

MATES+MAGIA

DESBARAJUSTES

Vamos a hacer un experimento con dos barajas de cartas:

¿Qué probabilidad crees que hay de sacar la misma carta eligiéndola al azar de dos mazos de cartas? ¿Crees qué es fácil encontrar una coincidencia o, por el contrario, que lo más natural es que pasemos toda la baraja sin encontrar ninguna?

¡Haz el experimento!

- Busca dos barajas, barájalas y colócalas sobre la mesa una al lado de la otra cara abajo, como se muestra en la imagen.
- Ahora debes coger la carta superior de un mazo con la mano derecha y la superior del otro con la izquierda, y descubrirlas.

¿Coinciden? Lo más probable es que no coincidan. Sigue descubriendo cartas hasta terminar los mazos.

Da la impresión que es muy difícil que coincidan, pero la verdad es que 2 de cada 3 veces que realizamos este experimento encontramos alguna coincidencia. Puedes pedirle a otros compañeros que realicen el experimento y 2 de cada 3 encontraran una coincidencia al ir descubriendo todas las cartas de los mazos.

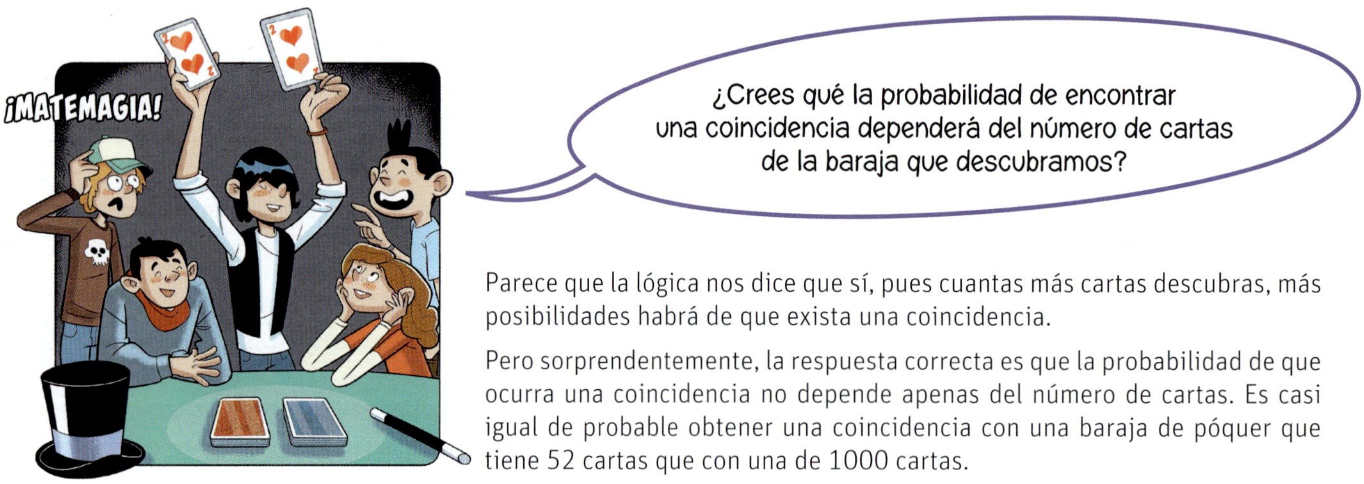

Parece que la lógica nos dice que sí, pues cuantas más cartas descubras, más posibilidades habrá de que exista una coincidencia.

Pero sorprendentemente, la respuesta correcta es que la probabilidad de que ocurra una coincidencia no depende apenas del número de cartas. Es casi igual de probable obtener una coincidencia con una baraja de póquer que tiene 52 cartas que con una de 1000 cartas.

¿Cuál es el secreto?

La probabilidad, para cualquier baraja a partir de 2 cartas, se calcula con la fórmula que ves a continuación:

$$\text{Probabilidad} = 1 - \frac{1}{2!} + \frac{1}{3!} - \frac{1}{4!} + \frac{1}{5!} - \frac{1}{6!} + \frac{1}{7!} - \frac{1}{8!} + \ldots + \frac{(-1)^n}{n!}$$

Tendremos que usar tantos sumandos como cartas tengan las barajas, es decir, si solo tienen dos me quedo en el denominador 2! y si tienen 52 pues solo hasta 52!, siempre alternando el signo de los sumandos. Al tener un denominador que crece tan deprisa, el total se verá muy poco modificado por cada sumando que se vaya añadiendo.

COMBINACIONES LIGUERAS

Vamos a ver una forma de organizar un calendario de liga con 10 equipos, construyendo un curioso artilugio. Solo necesitas cartulina de dos colores diferentes, un rotulador y un encuadernador. Cada semana deben jugarse 5 partidos y deberemos calcular bien los cruces para que a lo largo de las 9 jornadas siguientes cada equipo haya jugado contra cada uno de los otros 9.

- Copia en una cartulina cada una de las piezas que muestra la imagen. La pieza más grande, de color azul en la imagen, debes rotularla con las letras de la A a la I, mientras que en la naranja debes rotular las flechas y la letra J en el medio.

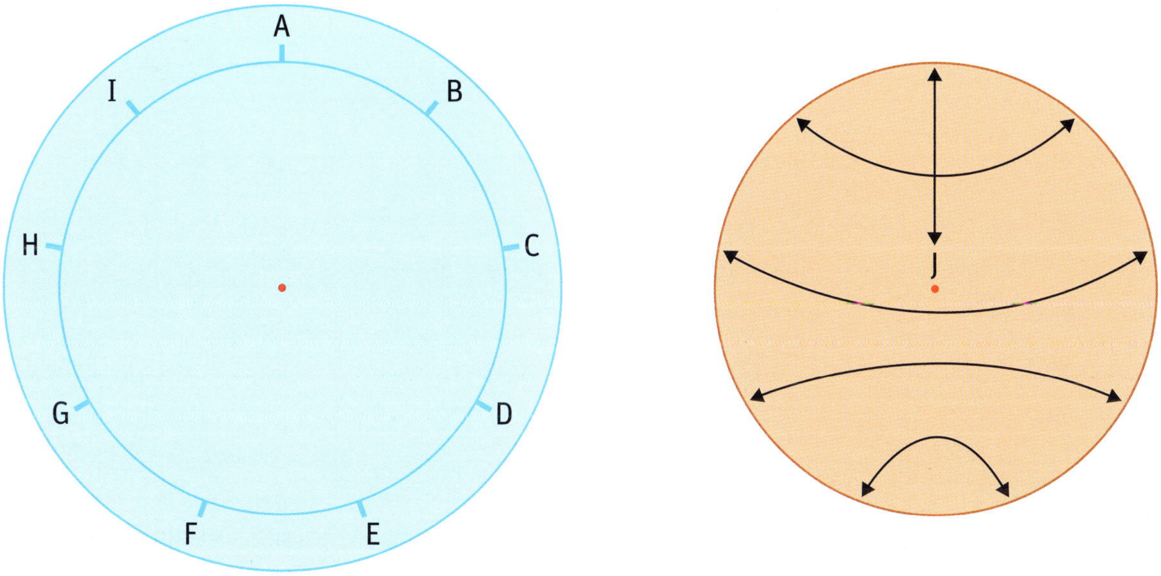

- Después debes unir las dos piezas con un encuadernador que permita que la pieza naranja pueda girar sobre la azul.
- Coloca la pieza naranja de forma que la doble flecha central vertical una la letra A de la pieza exterior con la J interior. Esta sería la distribución de partidos de la primera jornada.
- Después solo tienes que girar el círculo pequeño hasta que la J interior coincida con la B exterior, y así sucesivamente.

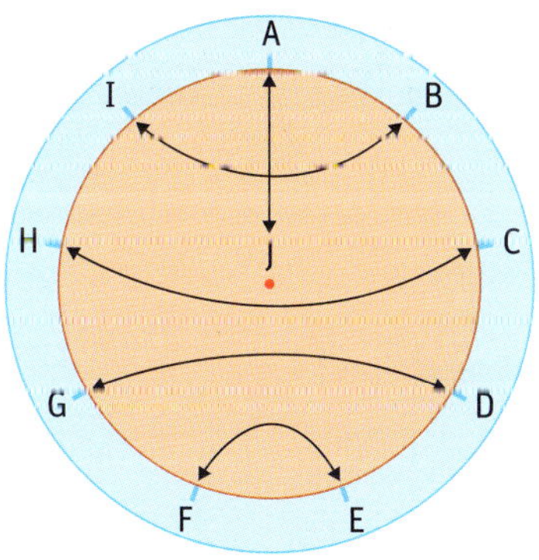

1.ª Jornada

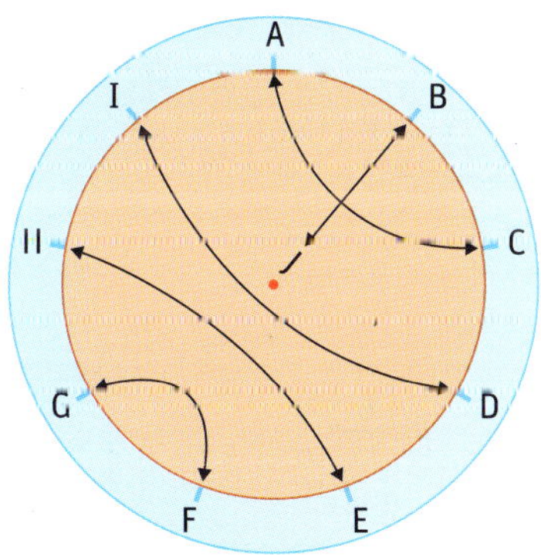

2.ª Jornada

Puedes cambiar las letras por los nombres de los equipos de tu liga, y si fuesen impares, añadir un equipo ficticio llamado "jornada de descanso".

Con este artilugio podrás ir obteniendo sin dificultad todas las parejas posibles distribuidas por jornadas y sin repeticiones, es decir, las combinaciones.

Soluciones de las autoevaluaciones

UNIDAD 1

1. a) $\frac{5}{3}=1+\frac{2}{3} \Rightarrow$ Racional

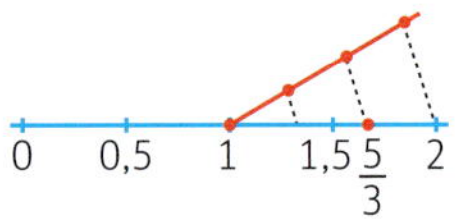

b) $\sqrt{13} \Rightarrow$ Irracional

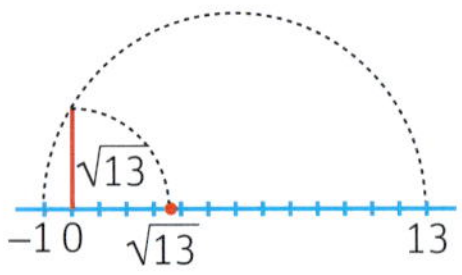

2. $-1 < x < 5$; $x \in (-1, 5)$

3. $1{,}96 \cdot 10^{15}$

4. a) $\sqrt[15]{\frac{32}{27}}$ c) $\sqrt[3]{4}$

b) $\sqrt[4]{18}$ d) $26\sqrt{2}$

5. a) $16-5\sqrt{10}$ c) 27

b) $-23\sqrt{3}$ d) $2+4\sqrt{2}$

6. a) $x=-\frac{15}{2}$ c) $x=-\frac{25}{2}$

b) $x=4$ d) $x=-2$

7. a) $\sqrt{2}$ b) $\frac{\sqrt[3]{18}}{6}$ c) $\frac{\sqrt{7}-\sqrt{3}}{4}$

8. a) 0,699 c) 1,204

b) 1,301 d) 0,431

9. $\log A = 3\log x + \frac{2}{7}\log y + \frac{3}{4}\log z - 2\log t$

10. $A=\frac{\sqrt[5]{x}\sqrt[9]{y^2}}{z^8}$

UNIDAD 2

1. $P(2)=-2$; $P(-1)=-\frac{1}{2}$

2. a) $x^4+x^3+8x^2-4x+3$; grado 4

b) $-6x^5+2x^4+8x^3-13x^2+25x-6$; grado 5

3. a) I. $9a^2b^2-c^2=(3ab+c)(3ab-c)$

b) C. $9a^2b^2-6abc+c^2=(3ab-c)^2$

c) I. $(2x^2y+3y^2z)(2x^2y-3y^2z)=4x^4y^2-9y^4z^2$

d) Correcta

e) I. $(4xy-2x)^2=16x^2y^2+4x^2-16x^2y$

4. a) Cociente: $5x$; resto: $2x^2+6x-1$

b) Cociente: $4x-4$; resto: $-2x+6$

5. a) Cociente: $2x^2+8x+11$; resto: 19

b) Cociente: $x^3-3x^2+6x-14$; resto: 40

6. $k=-4$

7. No, por el teorema del resto, $P(-1) \neq 0$.

8. a) $6(x+1)\left(x-\frac{4}{3}\right)\left(x+\frac{5}{2}\right)$

b) $(x+1)^2(x-2)(x^2+x+3)$

9. –2

UNIDAD 3

1. a) $x=\frac{13}{7}$

b) $x=3$; $x=-3$; $x=-\frac{1}{2}$; $x=-\frac{2}{3}$

2. a) $x=-2$; $x=-\frac{3}{4}$

b) $x=\pm\sqrt{\frac{3}{2}}$; $x=\pm 1$

c) $x=\frac{1}{5}$

3. a) $x=-3$ b) $x=-\frac{2}{5}$ c) $x=0$; $x=2$

4. $x=2$, $y=3$

5. $x=3$, $y=1$; $x=-3$, $y=1$

6. $h=13$

7. 14,80 €

UNIDAD 4

1. A. $[1, +\infty)$

2. Son equivalentes a) y c).

$x-2-5 \leq 5 \rightarrow x-2 \leq 10 \Rightarrow -(2-x) \leq -10$

3. a) $(-\infty, -2] \cup [3, +\infty]$

b) $\left[-1, -\frac{1}{3}\right] \cup [1, +\infty)$

c) $(-\infty, -\sqrt{2}) \cup (\sqrt{2}, +\infty)$

d) $(-\infty, -5) \cup (0, 1)$

4. $y<\frac{1}{3}x-1$

5. a) $x \in \left(-\frac{1}{3}, 2\right]$ c) $(-5, -1)$

b) $x \in (4, +\infty)$ d)

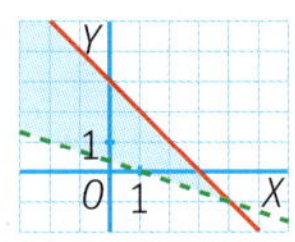

6. Área $\in (400\pi, 625\pi)$ cm²;

Perímetro $\in (40\pi, 50\pi)$ cm

7. 70 ordenadores de 500 € y ninguno de 700 €

UNIDAD 5

1. $x=2{,}13$; $y=2{,}85$; $z=4{,}75$

2. Los lados miden 4, 5 y 6 y la razón es 1,5.

3. 24 cm

4. a) Paralelos b) $x=7{,}5$; Razón: 2,5

5. a) 105° b) $\frac{8}{15}\pi$

6. $\text{sen}\,\alpha=-0{,}8$; $\cos\alpha=0{,}6$

7. a) $\text{sen}\,(180°-\alpha)=\text{sen}\,\alpha=0{,}2$

b) $\cos(90°-\alpha)=\text{sen}\,\alpha=0{,}2$

c) $\cos(-\alpha)=\cos\alpha=0{,}98$

8. Se sustituye la tangente por el cociente seno entre coseno y se simplifica.

9. a) $c=7{,}53$ cm; $a=8{,}52$ cm; $h=3{,}53$ cm

b) $\cos\alpha=0{,}88$, $\text{sen}\,\alpha=0{,}47$, $\text{tg}\,\alpha=0{,}53$

$\sec\alpha=1{,}136$, $\text{cosec}\,\alpha=2{,}13$, $\text{cotg}\,\alpha=1{,}89$

c) $\alpha=28°$; $\beta=28°$

UNIDAD 6

1. a) $\hat{B}=55°$; $b=25{,}71$ cm; $c=31{,}38$ cm

b) $b=6{,}25$; $\hat{B}=51{,}3°$; $\hat{C}=38{,}7°$

c) $\hat{C}=116°$; $b=14{,}31$ cm; $c=25{,}72$ cm

d) $a=22{,}41$; $\hat{B}=57°\ 45'\ 43''$; $\hat{C}=32°\ 14'\ 17''$

2. $A=187$ cm²

3. $a=5{,}07$ cm; $b=10{,}88$ cm; $c=15{,}41$ cm

$A=111{,}4$ cm²

4. $h=17{,}32$ m

5. $V=2103{,}04$ cm³

$A=1057$ cm²

6. $\alpha=0{,}52°$

UNIDAD 7

1. a) $(11, -4)$

b) $(-5, -5)$

c) $(-16, -6)$

2. a) $(4, 5)$

b) $(0, -10)$

3. a) Perpendiculares

b) $\alpha=139{,}7°$

c) $\alpha=81°$

4. a) No; $\vec{v}=(4, 6)$ $\vec{v}_\perp=(6, -4)$

b) Sí; $\vec{v}=(-6, 1)$; $\vec{v}_\perp=(1, 6)$

5. Vectorial: $(x, y)=(9, 4)+t(-1, -3)$

Paramétricas: $\begin{cases} x=9-t \\ y=4-3t \end{cases}$

Continua: $\frac{x-9}{-1}=\frac{y-4}{-3}$

General: $-3x+y+23=0$

Explícita: $y=3x-23$

Punto-pendiente: $y-4=3(x-9)$

6. a) $5x-y=0$

b) $2x+y=0$

7. a) Secantes; $P\left(-\frac{22}{9}, -\frac{4}{3}\right)$

b) Paralelas

8. a) $M(AB)=\left(\frac{3}{2}, -5\right)$

$M(AC)=\left(6, -\frac{7}{2}\right)$

$M(BC)=\left(\frac{5}{2}, \frac{1}{2}\right)$

b) $d(A, B)=\sqrt{113}$

$d(A, C)=\sqrt{125}$

$d(B, C)=\sqrt{90}$

$\alpha=51°\ 29'$

c) $19x+5y=50$

UNIDAD 8

1. a) Sí, es una función.
b) No es inyectiva, por ejemplo $f(1) = f(10)$.
c) $Im(f) = [1, 18]$
d) 10

2. a) $D(f + g) = \mathbb{R} - \{-3\}$ $\quad D(f \cdot g) = \mathbb{R} - \{-3\}$
$D\left(\frac{f}{g}\right) = \mathbb{R} - \{-3, -2, 2\}$
b) $\frac{1}{3}$
c) $D(f \circ g) = \mathbb{R} - \{\pm 1\}$

3. a) $D(f) = (-8, 8)$; $Im(f) = [0, 5]$
b) Par
c) $f(6) = 5$

4. a) $Im(f) = (-4,4]$; Sí; No
b) $f(2016) = 0$; $f(2020) = 4$
c) 4

5. a) No; Sí
b) f es creciente en $(0, 2)$ y decreciente en $(-\infty, 0)$ y $(2, +\infty)$. Tiene un máximo absoluto en $(2, 2)$.
g es creciente en $(-2, 0)$ y $(1, 4)$ y decreciente en $(-4, -2)$ y $(0, 1)$. Tiene un máximo en $(0, 2)$, un mínimo relativo en $(1, -1)$ y un mínimo absoluto en $(-2, -2)$.
c) $y = 0$ y $x = 0$

UNIDAD 9

1. a) $y = 2x - 2$ $\quad$ b) $a = 2$

2. a) Eje de simetría: $x = 3$
$V(3, 9)$
Puntos de corte $(0, 0)$ y $(6, 0)$
La función es positiva en $[0, 6]$ y negativa en $(-\infty, 0)$ y $(6, \infty)$.

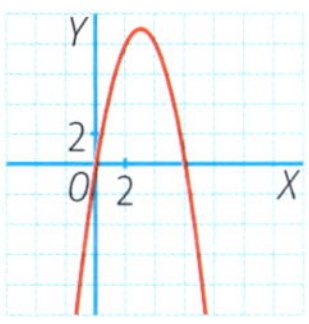

3. a) $D(f) = \mathbb{R}$; $y = 0$
b) $D(f) = \mathbb{R} - \{-1\}$; $y = x + 2$ $\quad x = -1$ (A.V.)

4. a) $k = 24$ $\quad$ c) $a = -\frac{4}{3}$
b) Decreciente $\quad$ d) $f(x) = \frac{24}{x}$

5. a) $D(f) = \mathbb{R}$; $Im(f) = (0, +\infty)$
b) $(0, 1)$
c) $y = 0$
d)

x	0	1	−1	2
y	1	$\frac{2}{3}$	$\frac{3}{2}$	$\frac{4}{9}$

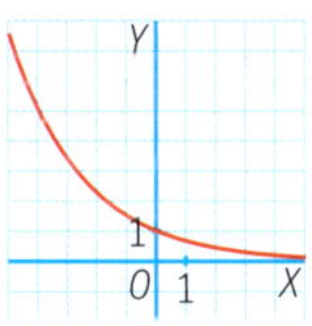

6. a) $y^{-1} = \sqrt{e^x}$ $\quad$ b) $y^{-1} = 10^x + 2$

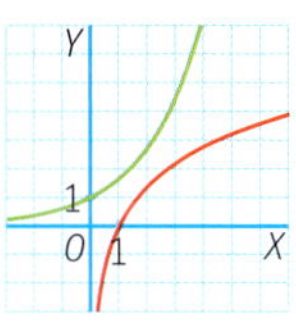

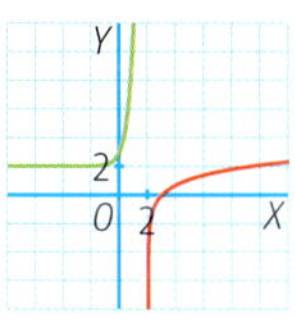

7. a)

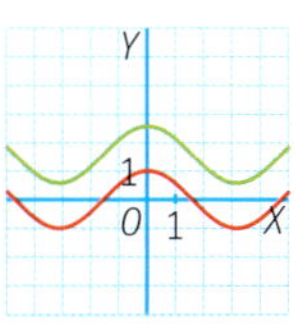

b)

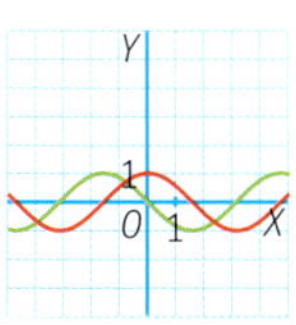

UNIDAD 10

1. a) 2 $\quad$ b) 4 $\quad$ c) $\frac{1}{10}$ $\quad$ d) $-\infty$

2. a) $\frac{1}{2}$ $\quad$ b) $\frac{5}{2}$ $\quad$ c) $-\infty$ $\quad$ d) ∞

3. a) $-\frac{1}{2}$ $\quad$ b) e^{-1} $\quad$ c) 2 $\quad$ d) e

4. a) $-\infty$ $\quad$ b) 2 $\quad$ c) 0 $\quad$ d) ∞

5. a) $\frac{5}{12}$ $\quad$ b) e $\quad$ c) e^{-10} $\quad$ d) 0

6. $x = 0$, inevitable de salto infinito; $x = 3$, evitable

UNIDAD 11

1. a) $TVM\, f[6, 12] = \frac{3}{2}$
b) $TVM\, f[9, 10] = 1{,}1$

2. a) $TVI\, f[5] = 85$
b) $TVI\, f[-7] = \frac{8}{100}$

3. a) $f'(x) = -\frac{4}{(x+3)^2}$
b) $f'(x) = \frac{1}{\sqrt{2x+3}}$
c) $f'(x) = 3(6x-1)(3x^2-x)^2$
d) $f'(x) = \frac{4}{(x-1)(x+3)}$
e) $f'(x) = 4\,\text{sen}(\pi - 4x)$
f) $f'(x) = x(x+2)e^x$

4. $f'(0) = -5$; $f'(4) = 3$; $f'(-1) = -7$

5. $y = 5x - 20$; $y = -5x - 5$

6. Tiene un máximo en $x = \frac{4}{3}$ y un mínimo en $x = 4$.
Es creciente entre $\left(-\infty, \frac{4}{3}\right)$ y $(4, \infty)$ y decreciente entre $\left(\frac{4}{3}, 4\right)$.

7. a) $h(t) = 30{,}5$ m
b) $v = 14{,}63$ m/s
c) $t = 1{,}49$ s; $h(t) = 41{,}42$ m
d) $t = 4{,}4$ s

UNIDAD 12

1. a) 36

2. a) $P_5 = 120$
b) $P_3 \cdot P_2 = 12$

3. a) $VR_{6,4} = 1296$
b) $V_{6,4} = 360$
c) 324

4. a) $PR_{11}^{1,1,2,1,1,1,1,2,1,1} = 9979200$

5. a) $C_{10,6} = 210$
b) $C_{8,4} = 70$
c) $C_{4,2} \cdot C_{4,3} \cdot C_{2,1} = 48$

UNIDAD 13

1. a)

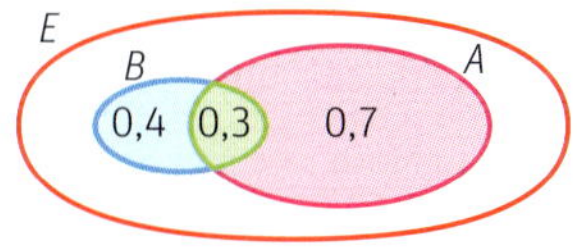

a) $P(A \cup B) = 0{,}8$
b) $P(\overline{B}) = 0{,}6$
c) $P(A \cup \overline{B}) = 0{,}9$

2. a) $\frac{1}{27}$ $\quad$ b) $\frac{8}{27}$ $\quad$ c) $\frac{19}{27}$

3. a) 0,496 $\quad$ b) 0,216

4. a) 0,016 $\quad$ b) 0,59

5. a) 0,90 $\quad$ b) 0,36

6. a) 0,902 $\quad$ b) 0,51

UNIDAD 14

1. a)

x_i	%	h_i	f_i	F_i
0	8	0,08	40	40
1	15	0,15	75	115
2	23	0,23	115	230
3	17	0,17	85	315
4	12	0,12	60	375
5	11	0,11	55	430
6	9	0,09	45	475
7	5	0,05	25	500

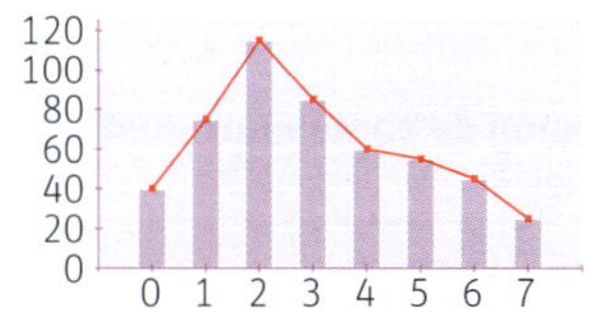

b) $\overline{x} = 3{,}04$
c) $M = 3$; $Q_1 = 2$; $Q_3 = 4$
d)

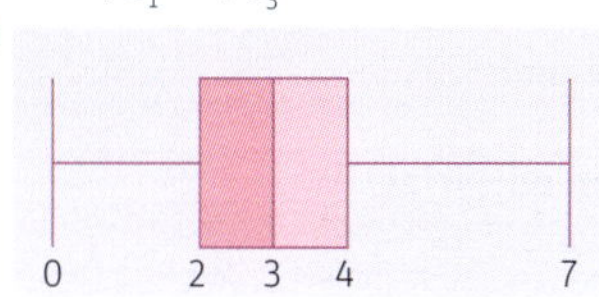

2. a)

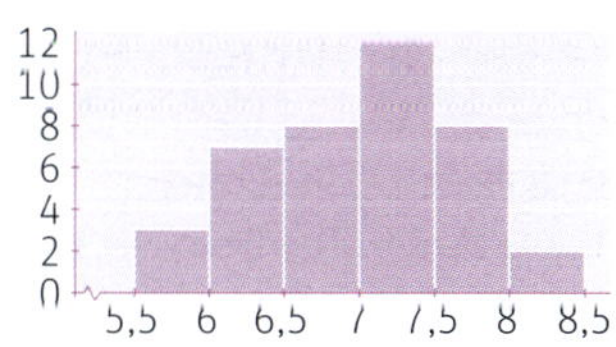

b) $\overline{x} = 7{,}01$; $s^2 = 0{,}44$; $s = 0{,}66$
c) $CV = 0{,}094$

3. a) $r = 0{,}9$ $\quad$ b) $r = -0{,}2$ $\quad$ c) $r = -0{,}5$

4. a)

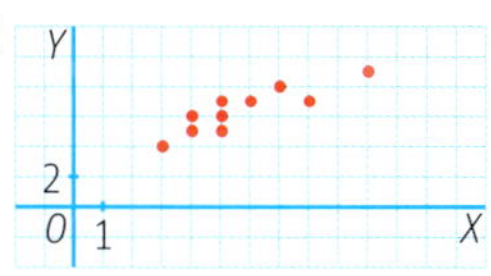

b) $\overline{x} = 5{,}7$; $\overline{y} = 6{,}4$; $s_x = 2$; $s_y = 1{,}4$;
c) $S_{xy} = 2{,}52$; $r = 0{,}88$
d) $y = 0{,}63x + 2{,}82$
e) 8,2

El libro **Matemáticas orientadas a las enseñanzas académicas** para **4.º de ESO** forma parte del Proyecto Editorial de Educación Secundaria de SM. En su realización ha participado el siguiente equipo:

Autoría
Fernando Alcaide, Joaquín Hernández, María Moreno, Esteban Serrano, Juan Jesús Donaire, Antonio Pérez, Divermates (Mates+Magia)
- Proyecto MAT-TIC con Geogebra: Antonio Pérez, José Luis Álvarez, José Manuel Arranz, Rafael Losada, José Antonio Mora, Manuel Sada

Edición
Ana Mª Casado, Eva Béjar, Pilar Gutiérrez, Juan Alberto Torresano, Natividad Juarros

Asesoría pedagógica
José Ramón Vizmanos

Corrección científica
Miguel Nieto

Corrección
Javier López

Ilustración
Daniel García, Juan Antonio Rocafort / ARCHIVO SM

Fotografía
Sonsoles Prada, Javier Calbet, Montse Fontich / ARCHIVO SM; Pedro Carrion Juarez, Peter Rey, Sergio Cuesta; EFE; SCALA; ARTIMAGOS; THINKSTOCK; Brand x Pictures; CORDON PRESS; 123RF; SHUTTERSTOCK; COUNTRY SESSIONS; iStock; GETTY IMAGES; Sergio Cuesta; AGE FOTOSTOCK; ALBUM; SHUTTERSTOCK (Cubierta)

Edición gráfica
Sergio Cuesta

Diseño de cubierta e interiores
Estudio SM

Responsable del proyecto
Eva Béjar

Coordinación de contenidos digitales
Mara Mañas

Coordinación editorial de Matemáticas
Josefina Arévalo

Dirección de Arte del proyecto
Mario Dequel

Dirección editorial
Aída Moya

Todas las actividades contenidas en este libro han de ser realizadas en un cuaderno aparte, nunca en el propio libro.
Los espacios incluidos son meramente indicativos y su finalidad es puramente didáctica.

Gestión de las direcciones electrónicas

Debido a la naturaleza dinámica de internet, Ediciones SM no puede responsabilizarse de los cambios o las modificaciones en las direcciones y los contenidos de los sitios web a los que remite en este libro.

Con el objeto de garantizar la adecuación de las direcciones electrónicas de esta publicación, SM emplea un sistema de gestión que redirecciona las URL que con fines educativos aparecen en la misma hacia diversas páginas web; entre otras de uso frecuente: http://es.wikipedia.org, www.youtube.es. SM declina cualquier responsabilidad por los contenidos o la información que pudieran albergar, sin perjuicio de adoptar de forma inmediata las medidas necesarias para evitar el acceso desde las URL de esta publicación a dichas páginas web en cuanto tenga constancia de que pudieran alojar contenidos ilícitos o inapropiados. Para garantizar este sistema de control es recomendable que el profesorado compruebe con antelación las direcciones relacionadas y que comunique a la editorial cualquier incidencia a través del correo electrónico ediciones@grupo-sm.com.

ISBN General: 978-84-675-8708-1
Depósito legal: M-03377-2016
Impreso en la UE / *Printed in EU*

Este libro está impreso en papel procedente de bosques gestionados de manera sostenible.